国家地理
动物百科全书

ANIMAL
ENCYCLOPEDIA

哺乳动物

肉食动物

西班牙 Sol90 出版公司◎著

李彤欣◎译

山西出版传媒集团 山西人民出版社

目录
CATALOGUE
ANIMAL ENCYCLOPEDIA

国家地理视角   01

肉食动物   07

什么是肉食动物   08

解剖结构   10

原始肉食动物   12

剑齿虎   13

行为   14

顶级猎食者   16

濒危的肉食动物   18

被孤立的灰熊   20

科与种 23

狼及其近亲 24

鬣狗 34

马达加斯加的肉食动物 35

熊 36

海豹和海狮 42

海象 43

臭鼬及其近亲 46

浣熊及其近亲 47

鼬 48

小熊猫 51

猫科动物 52

国家地理特辑 63

灵猫 70

非洲椰子狸 71

猫鼬及其近亲 72

国家地理视角

肉食动物，多样性

抗击严寒

肉食动物的身影在各类栖息地都可看得到。在卡拉哈里沙漠，气候条件的恶劣并没有阻止狮群的发展。在这里，一只雄狮正在诺索布河干枯的河床上巡视着。

耐心等待

当食物紧缺的时候，无声且耐心等候与清楚认识周围环境是必备的能力之一。在加拿大沿岸的埃尔斯米尔岛上，一头狼正在等待鱼接近水面。毫无疑问，鱼将成为它的下一个猎物。

过冬

　　在摄入足够的热量之后，严寒气候下，适当的休息可以保存体力。夏季，雄海象们正围成一团休息着，然而雌海象为了追随冰块会迁徙到北方，并在路上分娩。

肉食动物

肉食动物是指以肉为食的动物，也包括一些草肉兼食的动物。在生态系统中，肉食动物通常处于食物链结构的上层。它们大多喜好捕猎其他动物，具有身体素质强、行动敏捷、感觉敏锐等特点。

什么是肉食动物

肉食动物包括狮子、海豹、熊、猫鼬和猫科动物等。从重达 700 千克的棕熊到不超过 70 克的黄鼠狼，肉食动物表现出极大的多样性。而且它们的社会单位也不尽相同：有些是独居动物，有些却组成了等级森严的动物群体。但是它们有着共同的祖先，而且这些祖先们都有着特殊的牙齿，可以用来撕裂肉类。

门：	脊索动物门
纲：	哺乳纲
目：	食肉目
科：	14
种：	280

锋利的裂齿
棕熊是捕猎能手，有能够撕碎肉类的裂齿。

食肉目

肉食动物，顾名思义，这些动物只吃肉类。但是事实却不是这样，仍有草肉兼食的物种，例如棕熊。因此，我们不禁提出疑问：为什么这些动物都被称为肉食动物呢？答案必须在它们的进化史上找：它们的祖先有着如刀子般锋利、可将动物皮肉撕碎的裂齿。大部分肉食动物都保留了裂齿，但是仍有些动物的裂齿退化甚至直接消失了。

肉食动物喜好捕猎，能够高效地伏击并追杀猎物，这归功于它们良好的大脑发育与身体素质。例如，猎豹十分灵敏迅速，通常情况下都能抓获它盯上的猎物。甚至体重极重的北极熊也能敏捷地捕杀到海豹。大部分肉食动物都是地栖性的，但有些会爬树，像蜜熊，它们的尾巴可缠绕在树枝上呈倒挂状。有时候，当地栖性的肉食动物有需要时，它们还会游泳。有些动物是半水栖性的，像北极熊与水獭。甚至有些一直都待在水里，例如海獭。

分类

食肉目

犬型亚目

犬科	例如犬与狐狸
熊科	例如熊与大熊猫
熊猫科	例如小熊猫
海象科	例如海象
海狮科	例如海狮与海狗
海豹科	例如海豹
浣熊科	例如浣熊与长鼻浣熊
鼬科	例如水獭与白鼬
臭鼬科	例如臭鼬

猫型亚目

獴科	例如猫鼬
灵猫科	例如灵猫、香猫与麝香猫
双斑狸科	例如非洲椰子狸
鬣狗科	例如鬣狗和土狼
猫科	例如猫

共存

有些物种喜好独居，像貂；有些却偏好群体生活，像鬣狗。独居动物之间在繁殖期才会完成互动：这个时候通常雄性动物为了夺得雌性的欢心而互相打斗。喜好群居的动物们却一直有着联系，但它们也会为了权力之争而互相打斗，胜者有权掌控整个群体，并享有进食与繁殖的优先权，而败者会离开群体并组成自己的小群体或者选择留下来当下属。狩猎是肉食动物典型的日常活动，通常与气候条件和栖息的生物群落特点相适应。

犬科动物与猫科动物

在食肉目里总共有 15 个动物科，其中数猫科动物与犬科动物最为突出。狼、狐狸、美洲狮、老虎、山猫等是这些动物中最具盛名且最富有吸引力的。

犬科动物中最具代表性的就是狼、狐狸、土狼与豺等。它们大部分生活在草原，通过猛扑或追踪猎物来完成狩猎。它们身材苗条，强而有力，胸腔宽广，四肢发达且纤长。它们鼻子很大，嗅觉与听觉异常灵敏，便于长途追逐猎物。它们的食物主要是肉类，但是有些也吃腐肉及水果。体形较小的犬科动物，像豺和狐狸，喜好吃小动物，且独居或成对生活；而体形较大的动物，像狼与非洲野狗，会组成等级森严的动物群体，互相合作是它们捕猎的基本法则。

猫科动物中最具代表性的有狮子、老虎、山猫、豹猫与美洲虎及与它们有亲缘关系的动物。猫科下分为豹亚科与猫亚科。豹亚科包括体形庞大的猫科动物，它们有着灵活的舌骨，使得它们可以大声吼叫。而猎豹是唯一没有锐利趾甲的猫科动物。所有猫科动物都用敏锐的嗅觉来互相交流，并用气味圈定自己的活动领地。当它们开始狩猎的时候，它们的视觉与听觉会变得异常敏锐。它们的视力十分好，所以即便是在夜晚，也能准确地捕抓猎物，它们的听力也十分灵敏，即便是很小的动物（例如老鼠）发出的任何动静，它们也可以捕捉到。

所有猫科动物与犬科动物，除了马达加斯加、南极洲与一些小岛外，可在地球上的任何地区见到。

生态功能

大部分肉食动物占据了生态系统中的食物链结构的上层，扮演着二级或三级消费者的角色。它们的存在对控制食草动物种群大小有着不可或缺的作用。总体而言，它们为了获取能量而捕杀数目不少的猎物。如果没有了肉食动物，初级消费者种群数目将会无节制地失控增长，以至于所有的牧草、树叶与果实将会消失殆尽。但是，反过来说，倘若肉食动物的数目很大，为了获取猎物，它们之间的竞争将会变得十分激烈。总之，肉食动物的存在对保护生态环境、保持种群数目稳定有着不可估量的作用。例如，虽然每只山猫每年进食 100 多只野兔，但这并不影响野兔种群的数量。

印记

猫科动物，像美洲狮（*Puma concolor*），由于它们举步无声，可悄无声息地靠近猎物。

对水中生活的适应

水生肉食动物有着厚厚的脂肪层、防水的皮毛与进化成鳍的四肢。这些进化使它们可以在水中来去自如地活动，但是它们仍与地面保持着联系。大部分水生肉食动物吃鱼、软体动物、甲壳动物和鸟类。

鳍脚类
海豹、海象与海狮都属于鳍脚类动物。除了僧海豹，它们都生活在冰冷的海水里。

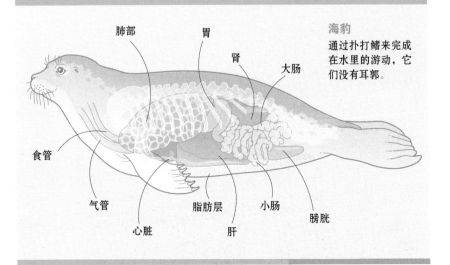

海豹
通过扑打鳍来完成在水里的游动，它们没有耳郭。

肺部　　胃　　肾　　大肠　　食管　　气管　　心脏　　脂肪层　　肝　　小肠　　膀胱

解剖结构

　　大部分肉食动物的特点都是为了它们的捕猎习惯而服务的。为了生存，特殊的利齿，灵敏的行动，异常敏感的感官，强而有力的骨骼、关节与肌肉是必不可少的。这些技能通过发达的大脑协调后，各司其职，有条不紊。利用这些技能，无论是独居动物，还是群居动物，完成突然袭击都是轻而易举的。

擅于捕猎的大脑

　　几乎所有肉食动物都有锋利的牙齿，以便完成捕杀，并撕裂猎物的皮、肉和内脏。这些行为依靠的是大脑的指挥，以及部分骨骼和肌肉结构的协调。它们的下颚骨会通过颞肌与咬肌来完成啃咬动作。当它张开嘴巴的时候，颞肌会收缩，牙齿可刺穿猎物皮肤；嘴巴闭合的时候，咬肌会活动起来，裂齿会开始啃咬肉类。

　　肉食动物的感官扮演着极为重要的角色。所有肉食动物，无论体形大小，都必须通过敏感的嗅觉、视觉与听觉来完成捕猎。例如，小巢鼬（*Galictis cuja*）总是伺机捕食，在捕猎过程中，为了猛扑向难以捉摸的猎物，如啮齿类动物、蛇、青蛙与鸟类等，它们可是把所有感官都用上了。

　　猫型亚目动物具有多样的进食习惯。例如鬣狗科下面有两个物种，皆是捕猎能手，其中一种主吃腐肉，而另外一种只吃白蚁。在其他动物科目中，有些动物并不只吃肉类。例如草肉兼食的马来熊（*Helarctos malayanus*），有着惊人的长舌头，长达 25 厘米。它们喜欢吃蜂蜜、白蚁以及任何岩石或树洞里找到的食物，尤其是幼虫。

擅于捕猎的骨骼

　　肉食动物行动敏捷且迅速，在它们的骨骼结构里可以找到解剖学的解释。如猎豹在行走的过程中，柔韧的脊椎骨会弯曲起来，这使得它们的行动更加有力。为了适应提速的需求，在进化过程中有些骨头会变得比较短小，就像它们的锁骨。而正是因为其短小，它们的前肢在奔跑时可达到极大速度。其他部位的骨头是合并在一起的，例如腕骨。所有肉食动物的前肢都有 4 个脚趾，而在后肢上有 5 个脚趾。大部分肉食动物都通过脚趾来行走，但是有些科目的动物却是脚掌着地行走的，例如熊科。当熊快速行走的时候，它的下肢脚趾抓地，上肢脚趾可抓住猎物。

阴茎骨

　　肉食动物的阴茎骨位于交配器官的海绵体上。当阴茎并不是完全直立的时候，阴茎骨的存在可使动物完成交配。有些猫科动物的阴茎骨有所缩小是雌性动物选择的结果。阴茎骨的缩小或缺失减小了其在阴道腔扭伤的概率。

防御
臭鼬（*Mephitis mephitis*）通过肛门腺释放出强烈气味，其恶臭程度足以吓跑它们的天敌。

神秘的斑纹

　　动物的斑纹根据其生存的地带而有所不同。猫科动物的斑纹在植被丛中不易被辨别出来。作为捕猎能手，这种伪装使得它们可以不被察觉地靠近猎物。

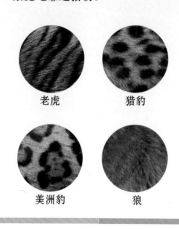

老虎　　猎豹

美洲豹　　狼

牙齿

肉食动物的进化也表现在牙齿上，不同物种进化表现也不尽相同。其中最突出的便是它们牙齿的过滤以及咬碎叶子的功能。

食蟹海豹
它的臼齿与前臼齿形成一个筛子，过滤水分与截留住食物（主要是磷虾），同时也过滤一些小鱼与乌贼。

大熊猫
它的牙齿有宽而扁平的臼齿与前臼齿，可以咬碎它主要的食物竹叶。

裂齿

除了长而尖的獠牙，许多肉食动物的牙齿也完成了一定程度上的进化：第 4 个位于上方的前臼齿与下方的首个臼齿负责切割食物。通常那些裂齿有着 4 颗或以上的尖牙。猫科动物的裂齿通常会更加发达，因为它们大部分的食物都是肉类。

猫科动物
老虎（*Panthera tigris*）的尖牙有利于捕杀猎物，而它的裂齿有利于撕碎肉类。

门齿　上方前臼齿　臼齿　犬齿　下方前臼齿

原始肉食动物

家猫、家犬、鬣狗、狼、郊狼、臭鼬及与它们有亲缘关系的动物有着共同的起源和进化史。起源可以追溯到 6000 万年前，一些小型的哺乳动物那时候便开始食肉了。目前食肉目动物科的组成可是一个战绩辉煌的谱系。具有代表性的原始肉食动物保持着树栖性的生活习惯，而且从解剖结构上看，它们有着区别于现代大部分肉食动物的生物结构：裂齿。

远亲

细齿兽（*Miacis*）是一种原始肉食动物，是犬型亚目动物的祖先。它们择木而栖，关节与现在的猫型亚目类似，喜欢吃小动物、卵与果实。

物种数据表

体长	30 厘米
饮食	小型哺乳动物、爬行动物与鸟类
栖息地	热带丛林
化石遗址	欧洲与北美洲
时期	古新世

长尾巴便于保持身体平衡

小脑袋

每个脚掌上都有5个不可伸缩的脚趾

化石史

原始肉食动物在历史上的记录表现出极大的多样性，有些跟现在的肉食动物根本一点联系都没有，但是有些却与现代肉食动物保持着同样的生物特征。在古新世晚期，大约 5500 万年前，出现了首批肉食动物的祖先。它的起源与一群食虫性的哺乳动物有关。具有代表性的动物就是细齿兽科与古灵猫科动物。其中古灵猫科包括了最古老的食肉目动物，因为它们有着原始动物的生物特征：首个臼齿十分发达，而且缺少第 3 颗臼齿。它们的脚趾是不可收缩的，脑袋很小，视力比现代肉食动物要差，所有的脚掌均有 5 个脚趾。体形很小，与现在的黄鼠狼和猫鼬大小相似。

裂齿

裂齿是大部分肉食动物进化的共同特点。然而，让人觉得奇怪的是，在进化史上，有些并非肉食动物，却也有裂齿这一生物特性。在原始肉食哺乳动物中，通常用上方的第 1 个与第 2 个臼齿与下方的第 2 个与第 3 个臼齿来撕咬肉类。原始肉食哺乳动物与现在肉食动物不同的是，现在肉食动物的裂齿是位于牙齿上方的第 4 个前臼齿与下方的首个臼齿。

现代肉食动物

具有代表性的现代食肉目动物出现在渐新世初期。在那一时期，总共有两种进化分支。其中一种类似于猫科动物及其近亲，如麝猫（古灵猫科）、猫、黑豹（猫科）、鬣狗（鬣狗科）与猫鼬（獴科）。所有这些动物都只吃肉类，并且在它们的进化史上，与犬科动物相比，其狩猎能力更为强大。犬科动物的代表有狼、狐狸、狐狼。

獴科

马岛獴（*Cryptoprocta ferox*）属于獴科，起源于马达加斯加。进化历程与其他同科动物有所不同。

剑齿虎

上新世与更新世之间生活着一群猫科动物，它们的特点是有长长的獠牙。而且它们的捕猎方式与现在的猫科动物有所不同：通过攻击猎物的脖子，用獠牙刺穿它们的喉咙。尽管名字叫作剑齿虎，但是事实上与现代的老虎没有任何亲缘关系。

致命剑齿虎

致命剑齿虎是一种迅猛魁梧的肉食动物，出现在更新世的北美大草原上。在南美洲也生活着一般剑齿虎（*Smilodon populator*）。无论是雄性还是雌性剑齿虎都有着大小等同的长獠牙，因此可以推断剑齿虎之间不存在性别二态性，且獠牙都作为捕猎的武器。即使闭上嘴，致命剑齿虎的犬齿在所有剑齿虎中也是最大的。

剑齿虎的全盛时期

	南方古猿	冰河时期 现代人类的进化 巨型动物		冰河时代末期与现代文明的出现
年		530 万	250 万	1.2 万	0
时期	中新世	上新世	更新世	全新世
阶段		第三纪		第四纪	
时代			新生代		

强而有力的脖子
它们的肌肉有力，使得尖牙可以轻易地穿透并撕咬猎物粗糙的皮肉与血管。

短短的尾巴
在快速奔跑的时候，短尾巴使它们难以保持平衡。

尖的爪子
在扑向猎物的时候，它们会把尖爪狠狠地固定在猎物身上，獠牙迅速咬入皮肤。

1 万
在 1 万年前，剑齿虎灭绝了。

易碎的獠牙
獠牙可撕碎猎物，却无法固定猎物，并且在使用过程中，由于它的牙根部不是太深入，要冒着獠牙碎裂的危险。

18 厘米

大小比对

肌肉组织
剑齿虎啃咬食物的能力仅仅有现代老虎的 60%，它们头部的肌肉块相对那么丰满，缺乏足够的力量来杀死猎物。

致命剑齿虎
前肌
二腹肌
咬肌
120 度
咬合力 80 千克

老虎
前肌
二腹肌
咬肌
65 度
咬合力 130 千克

上新世与更新世代表性兽类
在上新世与更新世，剑齿虎与其他的大型肉食动物共存着。

恐狼	剑齿虎	短面熊	北美猎豹	美洲狮
1.5 米，110 千克	1.8 米，280 千克	2 米，800 千克	1.2 米，65 千克	2.2 米，420 千克

行为

肉食动物根据猎物栖息地的不同而表现出不同的行为。大部分肉食动物为了捕杀猎物都有自己的捕猎策略与技巧，这些在它们刚出生几个月时便是务必要学会的技能。为了得到这一不可或缺的技能，它们必须完成不同的学习任务。总体而言，雌性动物每次分娩会产下为数不多的幼崽，由父母双方共同抚养长大。尽管大部分的肉食动物都是独居的，但其一旦组成群体，更像是浩浩荡荡的军队，且善于防卫与进攻。

饮食

进攻迅猛，伺机而动，或群攻或个体伏击是肉食动物捕杀猎物必备的生活能力。大部分肉食动物都有着与生俱来的捕猎技巧，而其中最突出的行为便是动物群体之间的协同合作。在肉食动物的进化过程中，它们的群居行为在捕猎中起着重要的作用：它们可以追捕大型猎物，即便比它们本身体形还要大的动物也可以成功捕猎到，并且减少了被竞争者攻击的可能性，进一步避免了在捕猎过程中受伤的概率。不同物种之间的协同合作也存在，因为这比个体行动的成功概率要高很多。例如郊狼（*Canis latrans*）与美洲獾（*Taxidea taxus*），美洲獾为了寻找小型的哺乳类动物善于

掘地三尺，而通常这些动物都是郊狼无法捕捉到的。从另外一方面来说，也有些肉食动物是名副其实的机会主义者，即时刻觊觎着其他动物的猎物，并寻找机会伺机而动。例如，鬣狗就苦苦守着豹子或者非洲野犬的捕猎过程。当它们捕猎结束，鬣狗便会慢慢地靠近，趁机偷走它们的猎物。野犬会让给鬣狗吃，因为野犬体形比鬣狗小得多。而行动更为敏捷的豹子可以迅速地爬树，并静静守卫着它的猎物不被鬣狗夺走。

成功的捕猎者

北极狐（*Alopex lagopus*）的狩猎活动根据季节变化而有所不同。在气候炎热的时候，它们捕杀旅鼠与北极野兔；在冬季，猎物的捕杀量会有所下降，它们吃其他捕猎者残留下来的猎物、海豹的幼崽或寻找巢穴中的旅鼠。

1 勘测
北极狐用后爪站立，瞄准旅鼠出现的地方。

2 跳跃
当北极狐跳跃达到最高点的时候，它们会弯曲身子，头部直直地冲向冰面。

3 攻击
纵身跳跃之后，它们的头埋入洞中，成功地捕获猎物。

学习及游戏

某些情况下，狩猎是肉食动物学习的最好时机。成年的肉食动物通过捕猎，把那些小型猎物分给幼崽去捕杀。而肉食动物幼崽会把捕杀小型动物当作捕猎的一次练习。而某些情况下，一群肉食动物在组织一次猎杀的时候，会让幼崽加入，慢慢培训它们的捕杀技巧。

肉食动物幼崽之间的游戏同样可以锻炼它们在大自然中幸存下来的生活技能。狮子通常会把尾巴摆到犬的前面，同时用前爪与牙齿抓住它们。此外，狮子还会毫无怜悯之心地反复啃咬犬，并以此作为一种捕猎的练习活动。这一行为在郊狼、熊与海岛猫鼬等动物身上也都是常见的。

繁殖及抚育

在一年的某些时刻，肉食动物便开始繁殖后代。雌性动物一年可以产下1只幼崽，或者每胎1~13只幼崽。有些物种一年可分娩2~3次，但有些情况下要间隔好长一段时间才会分娩。妊娠期49~113天不等。有些物种受精卵着床时间较晚，例如臭鼬。总体而言，大部分刚出生的肉食动物都看不见东西，毫无独立生活的能力，需要母亲的细心照顾。

社会性

动物个体之间的相互联系有的只在短期内发生，例如在发情期。喜欢群居的动物比那些独居的动物享有更多的便利。尤其在狩猎与觅食的时候，群体观察到的比个体看到的要多，而且它们之间可以协同提高狩猎与防卫技巧。例如，海岛猫鼬之间会组成一个团结的群体，一个或多个猫鼬会分散放哨，仔细观察是否有捕猎者或者同类逼近，若有便发出叫声，告诉它们队友危险的到来。通常若是微弱的声音，例如咯咯声，就是有点危险的意思，如果是大叫或者咆哮，则表示危险马上到来，猫鼬便会钻回自己的地洞。此外，狼会通过大声咆哮来捍卫自己的活动领地，并且通过这一行为来避免其他动物入侵自己的领地。

城市里的肉食动物

除了驯养作为宠物的猫犬之外，城市确实也吸引着野生动物，因为在这里的垃圾填埋场可以找到食物。狐狸与长鼻浣熊会在城市里居住并寻找食物，偶尔人类也会主动把食物送到它们面前。某些情况下，在垃圾堆里捡到的食物占它们所有食物的近50％。有些草肉兼食的动物，例如浣熊（*Procyon lotor*），堪称城市里的一大害，它们会入侵垃圾填埋场，用其灵敏的感官与灵活的前爪来打开容器盖子并吃掉里面的剩饭剩菜。

在海里

豹海豹（*Hydrurga leptonyx*）是一种喜好独居的捕猎能手，通常在南极洲的冰面上休息，可以静静地等企鹅的到来并迅猛攻击它们。同时，它们在水里也是捕猎高手。它们会藏匿在冰面下，当猎物从水里或冰洞入水的时候，便会出其不意地攻击它们。豹海豹后腰与腹部的皮肤颜色不同，这让它们可以在冰面或水里完好地伪装起来，静待猎物的出现。它们银白色的皮肤使它们可以在靠近猎物时不易被发现，而深色的后腰使它们在进入水里的时候不易被发现。

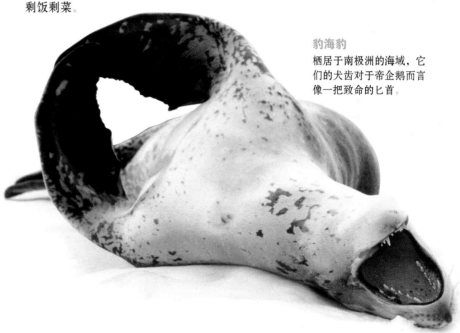

豹海豹
栖居于南极洲的海域，它们的犬齿对于帝企鹅而言像一把致命的匕首。

鬣狗

雌性斑鬣狗（*Crocuta crocuta*）有一条假阴茎，这使得它们的交配与分娩十分困难且危险。然而，这引人注目的器官也有着一定的进化价值。雌性鬣狗一般会统领整个群体。而且雌性鬣狗之间十分好斗，这根假阴茎通常会外露出来，以显示它们的社会价值与地位。

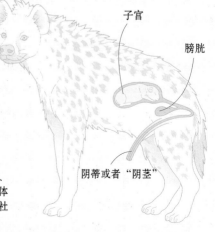

子宫

膀胱

阴蒂或者"阴茎"

雌性鬣狗的社会群体

阴蒂长为15~20厘米，有许多功能：交配、分娩与排泄。此外，它也影响鬣狗在群体中所处的社会地位。在鬣狗群体的内部社会，生殖器越大，社会地位越高。

顶级猎食者

肉食动物是地球上身手矫健的捕猎能手，它们以此为生。每种动物都有它们自己的捕猎策略。下面我们举些例子来让大家了解得更加清楚些：豹子迅猛地扑倒猎物，而熊则选择静静地等待并群攻它们的猎物。

群体的捕猎

肉食动物的群体捕猎活动使得每只动物个体都可以获得食物，这是它们单独行动而无法获得的成果。非洲野犬（*Lycaon pictus*）的追捕行动便是其中一例。这种犬科动物与一般的家犬体形类似，一般不超过 1.5 米，它们会一同追捕体形比它们大 2 倍的草食动物。为了能与它们的猎物对抗，非洲野犬都是采取群攻的捕猎策略，并且充分利用猎物被捕时的恐慌心理。它们也会捕杀刚刚出生的猎物，因为这些被捕杀对象通常因为毫无避险经验而轻易落网。

捕杀技巧

肉食动物的捕杀技巧十分了得，因此它们的猎物通常迅速死亡，而且猎物能死里逃生的概率也十分低。捕猎者要判断猎物的体形大小以及如何快速一咬便立刻置它们于死地。常受攻击的身体部位通常为颈后与喉咙。

伪装
当肉食动物在备战一场捕杀的时候，它们的毛色成了它们的保护色，即便靠近猎物也不易被察觉。

戒备
它们会注意观察着蠢蠢欲动的"捡漏者"的到来。

75
非洲野犬每 100 次捕猎中有 75 次都是满载而归。

慢慢地死亡
倘若猎物体形较大，肉食动物一般死死咬住它们的喉咙，导致它们窒息而亡。

快速地死亡
当猎物体形较小时，肉食动物一般会强烈摇晃它们的脖子并使其断裂，以此弄断猎物血管与脊椎。

追捕
非洲野犬会利用猎物的倦怠来捕猎，它们会长时间地追捕猎物，猎物疲惫不堪之时正是它们得逞之时。

天敌
非洲野犬的天敌有狮子、鬣狗和豹，而且其天敌具有一定的体形优势。

濒危
非洲野犬因为人类的围捕与自身的疾病，正处于濒危状态。

1 群体集合
一群非洲野犬聚集起来，准备进攻正在进食或休憩的草食动物。

3 猎物的选择
年纪最老的动物、行动最缓慢的动物幼崽是非洲野犬的主要攻击对象。

2 开始进攻
非洲野犬群起而攻之，开始围捕并进攻受了惊吓的有蹄动物。

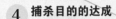

4 捕杀目的的达成
一旦非洲野犬围捕它们的猎物，它们会把猎物围困起来并从不同的侧面啃咬，直到猎物筋疲力尽、摔倒在地。就在这一瞬间，野犬便开始快速啃咬尸体，而部分非洲野犬会在旁边时刻警惕着，提防着狮子与鬣狗的到来。

猎物
它们的体形比它们的追捕者还要大，但是面对对手的群攻，猎物毫无还手之力

迅猛地进食
当猎物被围捕及死亡后，进攻者会迅速剥离皮肉，啃食其尸体。

濒危的肉食动物

人类的行为通常会给生态系统带来负面影响，这是大型动物更无法规避的事实。它们的生命因为各种原因遭受威胁，直接原因有森林砍伐与狩猎行为等，间接的有全球变暖导致的冰川面积减少等。此外，许多肉食动物遭到捕杀的原因，则是它们干扰且阻碍了人类的生产活动，如畜牧业或农业。

栖息地减少

人类对于多数野生动物而言是个负面的存在。人类为了建造城市（桥梁、建筑物、水坝等），不得不改变河道、分割土地，以便于农业与畜牧业的发展。像美洲狮这样的动物，倘若没有天然植被的覆盖，会丧失许多靠近猎物的机会，因此狩猎的成功概率也会大幅下降。此外，栖息地的支离破碎会危害动物大规模的追捕行动，例如狼群，会因此根本无法完成自己的狩猎。而且土地由于纵横的公路而被分割成若干块，这给动物带来了额外的问题：当它们为了寻找食物横穿马路的时候，可能会被来回穿梭的车辆撞到。其实，为了更好地保护动物，建立固定的动物保护区是势在必行的。

人类的攻击

总体而言，一般把肉食动物的生活范围规划在距离人类生活区较远并远离牧场的区域。但是人类的狩猎行为严重影响了肉食动物的生存与发展。设置陷阱或放置有毒的诱饵会导致动物受伤甚至死亡。在投毒时，可能要引发意料之外的副作用，因为毒药可能会毒害到其他无辜的动物物种。例如，狐狸繁殖复原能力很强，为了控制它们的数目，可能会危害其他对毒药更敏感脆弱的动物物种，例如美洲獾。

遗传变异

当一个物种数目开始减少的时候，近亲繁殖的概率会增长，这导致动物基因库逐渐缩小，基因变异的概率大大降低。而且新生代的动物具有较大可能遗传父母辈的有害性状，因此它们会变得更脆弱，更容易感染疾病，且更容易受天敌的攻击。此外，相对较小的动物群体会丧失更多的遗传变异能力。因此，任何环境变化，无论是自然的或人为的，该动物群体与那些基因库更丰富的动物群体相比，它们的适应能力是比较弱的。

人类的时尚，动物的悲剧

人类的消费习惯也会为动物带来灾难。熊与猫科动物皮毛的颜色与斑纹，对人类而言，是一种时尚品，因此这些动物一直遭受猎杀。此外，动物的爪子与牙齿被人类用来做艺术雕刻品。例如，孟加拉虎的牙齿在市场上被当作一级药材售卖。只要这些动物产品的需求没有停止，我们就很难去控制并消除非法狩猎，这就使得肉食动物的生命一直遭受威胁。

西班牙猞猁

（*Lynx pardinus*）

全球最为濒危的肉食动物。因为兔子数目（唯一的食物选择）的减少与栖息地的丧失，它们的状况令人担忧。

北极熊

（*Ursus maritimus*）

在最近的100年间，北极冰层面积因为全球变暖而逐渐减小，北极熊不得不大部分时间都待在地面上。

达尔文狐狼

（*Lycalopex fulvipes pusilla*）

智利中南部森林特有的动物。只有在动物保护区才可以找到一小部分的达尔文狐狼。

非洲野犬

（*Lycaon pictus*）

非洲野犬数目的减少导致了近亲交配概率的上涨，也导致了传染疾病的发生。

大熊猫

（*Ailuropoda melanoleuca*）

中国人口数目的增长导致竹林面积减少，而竹子基本是大熊猫唯一的食物。

生态保护状况

　　接近 50% 的肉食动物正处于危险的边缘。生态保护区的建立可以有效地制止动物数量的锐减，因此大规模地扩建生态保护区是重中之重。此外，还必须抵制非法狩猎并且呼吁人们不要使用动物皮毛制品。

- ■ 8 种极危
- ▨ 24 种濒危
- ▤ 39 种易危
- ▥ 26 种近危
- ▢ 164 种无危
- ▦ 19 种数据不足
- ■ 5 种灭绝

肉食动物现状图

被孤立的灰熊

在 19 世纪的美国，灰熊数量很多。直到 1975 年，由于它们的数量不到 1000 只而被列入濒危动物的目录里，人类对它们的保护行动才正式开始。灰熊的数量尽管有恢复上涨的趋势，但是狩猎、城市化建设与森林砍伐仍对它们造成负面的影响。在 21 世纪，由于许多动物保护组织的共同努力，人类正逐渐改变对动物的看法。人们渐渐养成了良好习惯，面对城市范围内熊的出没，不再用枪瞄准它们，而是告知一些动物保护协会。

◀ 捕猎与标本

由于人们认为灰熊具有攻击性，而且经常把它们与珍稀的黑熊混淆，又或者单纯觉得它们数量太多十分烦人，至 20 世纪，人类对灰熊的捕杀从未停止过，这导致灰熊的数量大幅度下降。在美国阿拉斯加盛行的动物标本剥制术可以找到大规模捕杀灰熊的证据。年复一年，在一些大型的作坊里，甚至可以看到成百上千具被解剖的灰熊尸体。

▼ 被隔离的种群

森林砍伐导致灰熊的栖息地减少，进而使得灰熊这一动物被隔离出若干种群。因此，生态走廊的建造对灰熊的生存至关重要。

▼ 城市间的行走

灰熊的食物有三文鱼、飞蛾还有所有可以帮它们储蓄脂肪以便冬眠的小动物。它们通常会在城市里四处寻找食物，但这给小灰熊带来一定的生命威胁。

科与种

肉食动物包括老虎、狮子、狼、猫鼬、鬣狗、浣熊与其他成百上千个物种。它们分布广泛，行为方式千差万别。

狼及其近亲

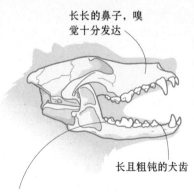

犬科动物包括狐狸、豺狼、狼、郊狼与野犬。它们行动敏捷，奔跑耐力十足，有着长长的四肢与毛茸茸的尾巴。它们的主要食物是肉类，偶尔还会捕杀大型猎物，但也吃果实、昆虫与卵。总体而言，它们热爱交际，为了抚养下一代及方便狩猎，通常成双结对或者集群而居。

一些犬科动物正濒临灭绝。

| 门：脊索动物门 |
| 纲：哺乳纲 |
| 目：食肉目 |
| 科：犬科 |
| 种：35 |

解剖结构

犬科动物的头部很小，鼻子很尖，四肢很长，尾巴长满毛，毛发颜色统一或长满斑纹。它们的下颚很长，牙齿十分发达，便于撕裂食物。它们的犬齿很大却不尖，但在捕猎过程中，犬齿仍是一种锋利的武器。犬科动物是趾行类的，依靠趾尖行走。它们的耳朵很大，拥有特别好的听力，而且嗅觉十分灵敏，通常它们利用嗅觉来追踪猎物。

行为

犬科动物栖息在各种各样的环境中：沙漠、森林、山地与草原。小型的犬科动物，例如狐狸通常独居或者成对生活。相反，大型的犬科动物会集群而居。气味、身体语言与发声例如嗥叫与咆哮，都是它们互相交流并建立起社会关系的方式。幼崽一般出生在巢穴里，需要度过一段漫长的哺养期。父母亲与群体里的其他成员会负责幼崽的喂食，它们会在捕猎之后有意识地从嘴里吐出食物给幼崽。

生态保护

家犬是最典型也最普通的犬科动物。它们跟人类的互动使得其分布于世界各大洲。由于人类的狩猎行为、犬皮毛的售卖、户外栖息地的减少与疾病的传播，许多野犬的数量正在减少甚至处于濒危的边缘。但是有些犬科动物，例如郊狼与赤狐，在适应并习惯与人类共存之后，它们的数量却在增加。

适应能力强的肉食动物

大部分适应能力强的肉食动物都是成对居住或集群而居。它们征服了沙漠与极地，一天可以走几千米路。身体矫健，耐力十足。

犬的足印

狐狸的足印

长长的鼻子，嗅觉十分发达

长且粗钝的犬齿

牙齿，用于咬碎肉类与植物

Vulpes vulpes
赤狐

体长：90 厘米
尾长：49 厘米
体重：14 千克
社会单位：成对
保护状况：无危
分布范围：北极、北美洲、欧洲、亚洲、非洲北部以及澳大利亚与新西兰

皮毛
皮毛颜色可以是红色、橙色、黑色或白色。

眼睛的颜色
赤狐眼睛的颜色是橙色或金黄色。它们的瞳孔是椭圆形的。

赤狐是世界上存在最普遍的狐狸品种。它们主要栖息在北半球。它们既可以在沙漠里生活，例如北极圈海拔高达 4500 米的寒漠，也可以在极度城市化的地区生活。它们会挖巢穴，也会在其他动物留下来的巢穴里躲藏、储存食物与抚养幼崽。冬末春初，它们会进行交配。在长达 49~55 天的妊娠期后会产下 4~8 只幼崽。6~12 周后，狐狸幼崽开始断奶。狐狸幼崽通常由它们的父母喂食。

Cerdocyon thous
食蟹狐

体长：65 厘米
尾长：30~35 厘米
体重：5~8 千克
社会单位：成对
保护状况：无危
分布范围：南美洲中部、北部与东部

食蟹狐在捕猎的时候一般单独行动，但是通常成对居住。一年可分娩 2 次。雄性与雌性成年之后排便的时候都是抬起一条腿。草肉兼食，喜好夜行。它们背部的毛色为灰棕色，脸部、耳朵与四肢为微红色，而脖子与下身的颜色为白色。

Vulpes cana
阿富汗狐

体长：42 厘米
尾长：30 厘米
体重：3 千克
社会单位：独居
保护状况：无危
分布范围：亚洲西南部、非洲东北部

阿富汗狐是世界上最小的犬科动物之一。它们生活在半干旱的山地里。通体黄棕色，而腹部为白色。它们有着大大的耳朵与毛发浓密的黑尾巴。喜好夜行。它们的食物主要是昆虫、果实、小型的爬行动物与哺乳动物。每胎可产 3~4 只幼崽。

Vulpes zerda
耳郭狐

体长：41 厘米
尾长：31 厘米
体重：1.5 千克
社会单位：群居
保护状况：无危
分布范围：非洲北部

耳郭狐是世界上最小的犬科动物，并且它们的耳朵在所有狐狸中是最大的，也因此而得名。它们的毛发呈沙黄色，脸部与腹部为白色。四肢毛发浓密，因此它们可以平安无事地走在滚烫的沙子上。集群而居，一般一个种群有约 10 只耳郭狐。每胎可产 2~5 只幼崽，幼崽 70 天后便可独立生活，8~9 个月性成熟。

Vulpes velox
草原狐

体长：53 厘米
尾长：26 厘米
体重：3 千克
社会单位：成对
保护状况：无危
分布范围：美国中部

草原狐与墨西哥狐一样，是美国最小的狐狸之一。二者有着紧密的关系，这两个物种通常被认为是同一个狐狸亚种。草原狐与其他狐狸的不同之处在于，它们背部没有一条深色的条纹。它们主要栖居在草原上，但是由于农业、工业与城市化的发展，它们的栖息地面积锐减，物种数量下降。尤其在加拿大地区，草原狐接近灭绝。

Urocyon cinereoargenteus

灰狐

体长：0.8~1 米
尾长：27~44 厘米
体重：3.6~6.8 千克
社会单位：独居
保护状况：无危
分布范围：加拿大南部至南美洲北部

灰狐是唯一会爬树的犬科动物。它们有强健的爪子，因此可以在树枝之间来回穿梭。灰狐在捕猎时，一般是各自行动。它们的胃口很大，主要的食物有小动物、果实与一些植物。它们背部的毛色为深灰色，一条黑色的条纹横穿颈背延伸至尾巴。它们的侧腹与四肢均为微红色，而腹部与胸部呈白色。

Lycalopex culpaeus

山狐

体长：44~92 厘米
尾长：30~49 厘米
体重：可达 14 千克
社会单位：独居
保护状况：无危
分布范围：南美洲南部与西部

山狐是体形最大的狐狸。冬季为了抵御寒冷，它们的毛发会变得粗些。下巴与腹部的毛发为白色，耳朵、脖子、四肢、侧腹与头部均为棕红色，而尾巴为灰黑色。它们实行一夫一妻制，雄性与雌性都承担照顾幼崽的责任。除了繁衍期，山狐都是独自居住与行动的。

Alopex lagopus

北极狐

体长：35~55 厘米
尾长：31 厘米
体重：2.9~3.5 千克
社会单位：小集群
保护状况：无危
分布范围：欧亚大陆的北极圈、美国、加拿大、格陵兰岛和冰岛

北极狐的皮毛使得它们可以根据一年四季的不同而改变伪装：在冬季长长的、浓密的毛发为白色，而在夏季则变成短短的浅灰色。北极狐实行一夫一妻制，一辈子只有一个配偶，且喜好游牧。在繁衍期间，一个群体由一只雄性与两只雌性组成，其中一只雌性一直担任着母亲的角色，负责生养，而另外一只雌性则负责保护群体安全。在哺养幼崽期间，雄性会靠近幼崽，保护它们并给予它们食物。在夏季，北极狐会吃一些小型的哺乳动物，如果食物紧缺，它们还会选择吃腐肉。当它们捕到大量的猎物时，它们会把剩余的食物埋藏起来，以防其他肉食动物乘其不备偷吃。

夏季在阳光的照射下，它们的毛发会变成灰色或浅蓝色

Atelocynus microtis

小耳犬

体长：0.7~1 米
尾长：30 厘米
体重：10 千克
社会单位：独居
保护状况：近危
分布范围：南美洲西北部

小耳犬是最为怪异且不为人熟知的犬科动物。四肢呈现交叉趾型，这使得它们可以毫无障碍地行走。草肉兼食，四肢粗短但敏捷，头部很大，耳朵很小呈圆形，尾巴长且毛茸茸。它们的毛色为黑色、灰色或棕色，而下身颜色通常为微红棕色。当雄性小耳犬感到有威胁的时候，它们会通过肛腺排出一股有强烈气味的气体。

疾病
小耳犬十分容易感染家犬所带来的疾病。

Nyctereutes procyonoides
貉

体长：50~70 厘米
尾长：13~25 厘米
体重：10 千克
社会单位：成对或小集群
保护状况：无危
分布范围：亚洲东南部、欧洲

毛发
毛发颜色有灰色、微红色，而背部、脸部与四肢呈黑色。

貉草肉兼食，通过互相理毛或嗅尿液、大便来达到互相交流的目的。貉一般成双成对冬眠，冬眠期间充分依靠冬季到来之前储存的脂肪过冬。貉擅于游泳与跳水，但是视力很差，因此一般都是通过嗅觉来捕捉猎物。主要食物为昆虫、小老鼠、两栖动物与鸟类。

小而圆的耳朵，吻部短而尖。

Speothos venaticus
薮犬

体长：58~75 厘米
尾长：12~14 厘米
体重：5~7 千克
社会单位：群居
保护状况：近危
分布范围：中美洲南部至南美洲中部

薮犬身材小巧，呈圆柱形，四肢短小。喜好日间活动，集群而居，群体内的薮犬相处融洽，联系紧密。毛发很短，呈棕红色。薮犬喜好交际，主要吃刺豚鼠、水豚和犰狳。其可以在水里自由行动，甚至可以跳水。

Chrysocyon brachyurus
鬃狼

体长：1.25~1.3 米
尾长：40 厘米
体重：20~23 千克
社会单位：独居
保护状况：近危
分布范围：南美洲东部与中部

鬃狼是南美洲最大的犬科动物。喜好在黄昏或夜晚行动。其主要的食物为小动物、果实与树根。鬃狼的四肢纤长，耳朵很大且呈直立状。毛发为微红色，尾巴与耳朵内部为白色，鼻子及四肢为黑色。它们的走路方式很特别，同一边的下肢同时移动。雄性与雌性共享同一片领地，在繁殖期实行一夫一妻制。鬃狼通过尖叫、号叫与沙哑的叫声来互相交流，它们的叫声一般在入夜之后才听得到，而且其叫声能够让人类不寒而栗。

竖起的鬃毛
鬃狼拥有黑色的长毛，当它们遇到威胁的时候，所有的鬃毛都会竖立起来。

四肢
鬃狼的四肢纤长，这有利于它们综观整个草原

Canis lupus familiaris
家犬

体长：0.15~1.07 米
体重：1~90 千克
分布范围：全世界

它们的相貌极像狼，蓝色的眼睛是它们的一大特点。

根据化石资料记载，3 万年前便存在家养的犬科动物。狼群生活在欧亚一些小的村庄，而这里的居民，居然没有驱赶它们，或者说他们根本没有能力这样做，反而开始与狼群建立起初步的联系：为了感谢狼对他们的忠诚，人类不仅会给它们食物，而且会保护刚出生的幼狼。此外，由于狼拥有敏感的听力与嗅觉，且易于驯养，渐渐地，它们便变成了人类家园的"护卫"。

品种的孕育
人类凭借个人需求与喜好，根据犬的行为、大小与毛发来进行人工筛选，孕育他们心仪的下一代杂交犬。而西伯利亚犬会被选上的原因在于它们的耐力与力量。

力量与温暖
很多情况下，人类对家犬的选择与它们自身的力量、安静且有爱的个性特点有关。而且有了犬的陪伴，人类在饲养它们的过程中也得到了前所未有的温暖与爱。

远亲
许多犬的身上仍保留着它们祖先——狼的生物特点。

发达的感官

家犬可以敏感地察觉周围环境的变化，这与它们敏锐的嗅觉与听觉有关。对于人、事物与地点的记忆深深地刻在它们的大脑里，但通常它们都是通过嗅觉与听觉来记住这些东西，而不是通过视觉。只要它们与环境中新的味道或新的声音接触，这些信息便会记录到它们的脑海中。

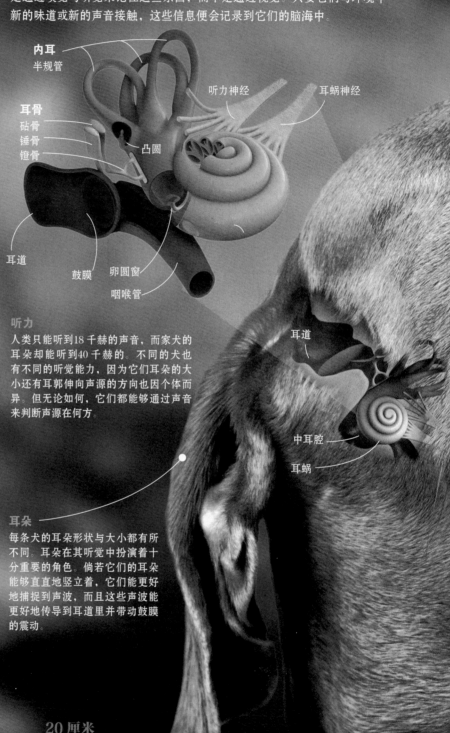

内耳
半规管

听力神经

耳蜗神经

耳骨
砧骨
锤骨
镫骨

凸圆

耳道

鼓膜

卵圆窗

咽喉管

耳道

中耳腔

耳蜗

听力
人类只能听到 18 千赫的声音，而家犬的耳朵却能听到 40 千赫的。不同的犬也有不同的听觉能力，因为它们耳朵的大小还有耳郭伸向声源的方向也因个体而异。但无论如何，它们都能够通过声音来判断声源在何方。

耳朵
每条犬的耳朵形状与大小都有所不同。耳朵在其听觉中扮演着十分重要的角色。倘若它们的耳朵能够直直地竖立着，它们能更好地捕捉到声波，而且这些声波能更好地传导到耳道里并带动鼓膜的震动。

20 厘米
犬可以感受到的因一支铅笔落地所产生的振动范围。

气味
黏液层
树突

反应细胞

神经纤维

嗅觉是犬最发达的感官。它们的嗅觉上皮神经由2亿多个细胞组成，这些细胞分布在鼻腔内。每个细胞都能够识别一个或一个以上的分子。

味觉
所有食物的化学物质会被犬舌头上的味觉细胞与味蕾所感应到。

味觉接收器
味觉接收器的灵敏使得大脑可区分食物的美味与否。

品种
据美国养犬俱乐部的统计，世界上存在150~200个品种的犬，而且这些犬可大致分为六大类：宠物犬、猎犬、牧羊犬、工作犬、非运动型犬与运动型犬。

宠物犬
宠物犬个性开朗温和，是人类很好的伙伴，且擅于捕猎与杀死小老鼠。

澳洲丝毛梗

猎犬
猎犬有着敏锐的嗅觉，擅于奔跑、追踪且耐力十足，因此人类用它们来狩猎。

寻血猎犬

牧羊犬
牧羊犬擅于控制其他动物的行为，智力超群，易于驯养。

比利时牧羊犬

工作犬
工作犬擅于追踪，因此被各大国际组织所需要，可在各类天灾中用于救援。

巨型雪纳瑞

非运动型犬
非运动型犬是人类可靠的门卫与伙伴，而且它们耐力十足，可用来拉雪橇和参与水上救援。

斑点狗

运动型犬
运动型犬十分活跃，警惕性强，擅于跑步与游泳，顾名思义，可长时间运动。

威玛犬

Canis latrans
郊狼

体长：1 米
尾长：40 厘米
体重：20 千克
社会单位：独居或群居
保护状况：无危
分布范围：北美洲至中美洲北部

郊狼喜好夜行与号叫，是北美洲与中美洲最普遍的犬科动物。此外，它们也是该地区奔跑速度最快的地栖性哺乳动物，时速可达 64 千米/时。它们主要吃兔子与老鼠，而且喜爱捕杀家畜，例如绵羊。它们的交流方式十分多样化，其中包括 11 种不同类型的发声。它们还可以挖深达 7.5 米的巢穴，作为栖身地和幼狼的出生地。每胎大约有 6 只幼崽，幼崽 12 天后睁眼，4 周后便会离开巢穴独立生活。

毛发
郊狼通常毛发很长，背部颜色为灰色，而下身颜色为苍白色。

Canis simensis
埃塞俄比亚狼

体长：可达 1 米
尾长：可达 40 厘米
体重：可达 19 千克
社会单位：群居
保护状况：濒危
分布范围：非洲东部

埃塞俄比亚狼是地球上生存最受威胁的犬科动物之一，在埃塞俄比亚的山地里也只能找到近百只。它们的毛发呈微红色或浅黄褐色，侧腹为白色。它们白天与夜晚都十分活跃。它们的主要食物是老鼠。许多埃塞俄比亚狼也会聚集到一块，共同攻击一些小型的羚羊、绵羊和野兔。幼狼会在 6 个月大的时候与成年狼群一同捕猎。

Canis aureus
亚洲胡狼

体长：可达 1.06 米
尾长：可达 30 厘米
体重：可达 15 千克
社会单位：成对
保护状况：无危
分布范围：欧洲东南部、非洲东部与北部、亚洲西部至东南部

亚洲胡狼的毛发十分粗，但是不长，背部颜色为斑驳的黑色与灰色。它们吃幼羚羊、老鼠、鸟类、爬行动物、青蛙、鱼类、卵、昆虫与果实，有时候还吃腐肉。它们通常通过尿液与粪便来圈定自己的领地。每胎可产 2~4 只幼崽，幼崽在 11 个月之后性成熟。

Canis mesomelas
黑背胡狼

体长：可达 90 厘米
尾长：可达 40 厘米
体重：可达 13.5 千克
社会单位：成对
保护状况：无危
分布范围：非洲东部与南部

黑背胡狼草肉兼食，可吃昆虫、老鼠、幼羚羊、绵羊与腐肉。背部毛色呈黑色且一直延伸到尾巴。一般藏匿在白蚁穴或食蚁兽的巢穴里。每胎可产 4 只幼崽，幼崽在 11 个月之后性成熟。

Canis adustus
侧纹胡狼

体长：可达 81 厘米
尾长：可达 41 厘米
体重：可达 13 千克
社会单位：成对
保护状况：无危
分布范围：非洲中部、东部与西部

侧纹胡狼是草肉兼食的动物，吃脊椎动物、昆虫、腐肉与植物。它们的毛发呈现浅灰色的斑纹状，因为侧腹有一条深色的纹理，因此命名侧纹胡狼。它们利用蚁穴或被食蚁兽弃置的巢穴作为栖身之所。此外，它们也会在山坡上挖掘巢穴。每胎可产 3~6 只幼崽，幼崽在 6 个月之后性成熟。

Cuon alpinus

豺

体长：可达 1.13 米
尾长：可达 45 厘米
体重：可达 21 千克
社会单位：群居
保护状况：濒危
分布范围：亚洲中部、东部与南部

　　豺的毛发颜色多样，但总体而言，上半身颜色呈红锈色而下半身较为苍白。豺集群而居，一般一群豺有5~12只，但也曾发现有些豺群达到 40 只。它们为了捕杀大型的哺乳动物（鹿、野猪与绵羊）会互相合作，同时它们也吃腐肉。在长达 60~63 天的妊娠期后，雌性会产下 4~6 只幼崽。幼崽在 70 天之后便会离开豺群，7 个月后则会开始捕猎活动。

Canis lupus dingo

澳洲野狗

体长：可达 1.24 米
尾长：可达 33 厘米
体重：可达 20 千克
社会单位：群居
保护状况：易危
分布范围：澳大利亚与亚洲南部

野生犬
澳洲野狗是澳大利亚狼的变种

　　澳洲野狗现在普遍认为是狼的亚种。它们栖居澳大利亚，有可能在东南亚地区（尤其是在泰国）存在着澳洲野狗的纯种。它们的毛发颜色为黄褐色，也有些为白色、黑色、棕色或红锈色。它们的尾尖颜色为白色，这是它们的一大特点。为了跟家犬杂交，有人捕捉它们售卖。纯种的澳洲野狗数目正在减少。根据考古证明，澳洲野狗在很多年前在全球都有分布。在1000~5000年前，澳大利亚与太平洋岛屿的野生犬曾经移居到亚洲的东部生活。

Lycaon pictus

非洲野犬

体长：可达 1.12 米
尾长：可达 41 厘米
体重：可达 36 千克
社会单位：群居
保护状况：濒危
分布范围：非洲

保护状况
人类的日渐发展与非洲野犬生活面积的减少，还有人类对其大规模的屠杀及传染疾病的传播，导致这一物种受到威胁

　　非洲野犬是最擅长社交的犬科动物之一。一群非洲野犬甚至可多达100只，但是一般而言不超过15只。它们可在不同环境下生存，例如草原或森林。毛发颜色具有多样性，一般为斑驳的黑色、黄色和白色。非洲野犬会选择群体狩猎，且为了捕杀一些大型动物会互相合作。有些猎物的体重甚至超过非洲野犬，例如羚羊和野猪。非洲野犬也可进食一些小型动物，例如兔子、蜥蜴。每个野犬种群都存在着明显的社会等级，占主导地位的野犬在交配与生育方面占据明显优势。每胎可产 6~8 只幼崽。

非洲野犬的前臼齿比其他犬科动物的都要大，这有助于它们啃噬猎物的骨头。

Canis lupus
狼

体长：1.3~2 米
身高：60~90 厘米
体重：32~70 千克
社会单位：群居
保护状况：无危
分布范围：北美洲、欧洲与亚洲

等级秩序
狼进食是有一定等级秩序的，通常都是占主导地位的狼先进食。

狼是一种热爱社交的肉食动物，它们通常会组成5~9只狼的狼群，而且内部有森严的等级秩序。它们栖居在森林、山地、苔原、泰加林与草原。它们的四肢行走能力较强，可在包括雪地的各种路况下行走。

繁殖
狼首领会在1~4月之间繁衍后代，每胎可产4~10只幼崽。

移动
狼能以10千米/时的平均速度小跑几千米，而当它在追捕猎物的时候，速度可达65千米/时。在春夏两季，幼崽正在长身体，狼群只待在一个地方，而在秋冬两季，狼每天会移动200千米来寻找猎物与腐肉。

狼首领
占据主导地位的雄性会影响到雌性的激素活性，从而延迟它们的发情期。

集群而居

占主导地位的雄狼与雌狼是该狼群的首领。它们追捕猎物，圈定领地，选择抚养后代的地方以及带领整个狼群迁徙。狼群之间有着一套十分复杂的交流系统，其中包括吠叫、呻吟、咆哮和怒吼。狼群之间的联系通常很紧密：狼会互相保护，甚至互相表达爱意。

学习
幼狼四肢强而有力且行动敏捷，它们的行为会影响它们在狼群中的地位。

角色

在狼群的共同生活中，不同的时刻，每只狼都扮演着不同的角色。狼与狼之间存在着惯常的交流模式。无论是成年的雌性还是雄性抑或是幼崽，它们在狼群中有着不同的社会地位。

主导
狼与狼之间的见面方式体现了每只狼在狼群中的地位。

1 会面
下属狼会以服从的姿态走向占主导地位的狼跟前，它们的耳朵会折向脖子一端，而尾巴夹在两腿之间。

姿势
有些狼保持站立，有些会躺下。从姿势上就可看出每只狼在狼群中的地位。

规模
狼群的大小根据猎物的规模而有所不同。36只狼组成的狼群是大狼群。

信号
狼群之间存在着不同的交流方式。除了肢体语言外，它们之间还可以通过面部表情与声音来完成交流，例如号叫、尖叫与咆哮。

A 正常表情
B 受到威胁
C 受到严重的威胁
D 服从与担心
E 害怕
F 十分害怕与遭受胁迫

社会等级

　　狼群中雄性与雌性的组织能力是相当的。一般一个狼群由一对雄性与雌性统领着，而在这对首领下面，有着一群从属的狼，它们之间的等级相当，毫无差别。在雌性之间，等级制度或许更加明显。

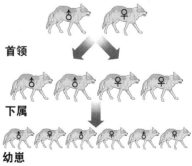

首领

下属

幼崽

2 观察
占主导地位的狼站姿不变，而靠近它的下属狼会开始舔它的下巴。

3 认识
占主导地位的狼会闻一闻下属狼的生殖器。而下属狼在小便的时候，它们的生殖器会是下垂的，这表示了它们的从属地位。

鬣狗

门：	脊索动物门
纲：	哺乳纲
目：	食肉目
科：	鬣狗科
种：	4

鬣狗外形与犬科动物十分相像。它们身体朝后倾，鼻子很大，下颚有力，耳朵直且大。它们主要栖居在草原，爱吃腐肉，喜爱群体狩猎，会一直追踪猎物，直到对方筋疲力尽。

Hyaena brunnea
褐鬣狗

体长：1.1~1.3 米
尾长：20~25 厘米
体重：50 千克
社会单位：独居或群居
保护状况：近危
分布范围：非洲南部

　　褐鬣狗有着长且浓密的毛发，长达 25 厘米。除了脖子有条白色的条纹、四肢为白色之外，身体其余部位为暗棕色，而脸部为黑色。它们栖居在开阔的平原地区。主要食物为腐肉、小型脊椎动物与果实。每胎可产 1~5 只幼崽。

Hyaena hyaena
条纹鬣狗

体长：1~1.2 米
尾长：25~35 厘米
体重：30~45 千克
社会单位：独居
保护状况：近危
分布范围：非洲北部与东部、亚洲西南部至印度

面对危险的时候
它们会竖起毛发，使自己看起来更加魁梧

　　条纹鬣狗体形小，有着长长的棕色毛发，身体与四肢为黑色。尾巴很长，颜色为棕黄色。喜欢夜间行动，吃小型哺乳动物，如鼠、鸟类、蛇与果实等。每胎可产 6 只幼崽。

Crocuta crocuta
斑鬣狗

体长：1.2~1.4 米
尾长：25~30 厘米
体重：50~80 千克
社会单位：群居
保护状况：无危
分布范围：撒哈拉以南非洲地区，除外非洲大陆最南端和中部及西部雨林地区

强壮的心脏
使得它们可以进行充分的呼吸，从而可以奔跑数千米。

　　斑鬣狗是数目最多且喜好社交的鬣狗，一个种群可由上百只斑鬣狗组成。毛发有很多暗棕色的斑纹。它们栖居在草原，在那里它们可以捕捉到同等大小的哺乳动物。它们拥有所有鬣狗中最发达的下颚，且前肢强而有力。

Proteles cristatus
土狼

体长：0.85~1.05 米
尾长：25~40 厘米
体重：8~14 千克
社会单位：独居或群居
保护状况：无危
分布范围：非洲南部与东部

　　土狼体形很小，鼻子为黑色，毛发颜色呈微黄色或微红色，身上有三道垂直的黑色条纹，鬃毛直立。喜好夜行，白天一般待在窝里。可以组成小群体，占据相同的领地，每个个体之间相距 100 米左右的距离。土狼是唯一吃白蚁的鬣狗。

马达加斯加的肉食动物

| 门：脊索动物门 |
| 纲：哺乳纲 |
| 科：食蚁狸科 |
| 种：8 |

食蚁狸科是马达加斯加岛上的肉食动物。它们栖居在潮湿的丛林、沼泽、草原或沙漠地带。大部分为夜行动物。主要食物为小型脊椎动物、无脊椎动物、卵与果实。由于岛上的森林砍伐日渐严重，它们正面临着灭顶之灾。

Cryptoprocta ferox
马岛长尾狸猫

体长：61~80 厘米
尾长：10 厘米
体重：9.5~12 千克
社会单位：独居
保护状况：易危
分布范围：马达加斯加岛

马岛长尾狸猫是马达加斯加岛上最大的肉食动物。一般在热带丛林最茂密的地方可以找到它们的踪迹，而它们在蛮荒之地已经销声匿迹了。它们喜好夜行和高大的树木，因为在那里可以轻易抓到脊椎动物、雏鸟与卵。它们毛发的颜色为深棕色。头部很像猫科动物，拥有大大的眼睛、圆圆的耳朵、短小的下颚与锐利的牙齿。通过气味腺分泌出的气味圈定自己的领地。

Fossa fossana
马岛灵猫

体长：47 厘米
尾长：20 厘米
体重：2 千克
社会单位：成对
保护状况：近危
分布范围：马达加斯加岛

马岛灵猫是身形矮小的肉食动物，有着微红棕色的毛发和条状的深色斑纹。尾巴与上半身为深色。它们栖居在热带丛林和一些干旱的地区。喜好夜行，一般以一些脊椎动物或无脊椎动物为食。它们的繁殖期于 8 月开始，到现在我们对它们的认识仍然不多。它们会把脂肪储存在尾巴上，进而可以过冬。

伪装
从头部一直到尾巴，马岛灵猫有着黑色的竖形条纹

Galidia elegans
环尾獴

体长：37 厘米
尾长：27 厘米
体重：900 克
社会单位：成对或群居
保护状况：无危
分布范围：马达加斯加岛

环尾獴无论是在陆地上还是在树木上身手都十分敏捷。毛发颜色为棕红色，四肢为深棕色或黑色，腹部为亮栗色，而尾巴有着深色的环形条纹。它们喜好社交与日间行动，在热带丛林树荫处，常常可以看到它们成双成对地出入。主要食物为昆虫、小型脊椎动物、卵与果实。

熊

| 门：脊索动物门 |
| 纲：哺乳纲 |
| 目：食肉目 |
| 科：熊科 |
| 属：5 |
| 种：8 |

熊是地球陆地上体形最庞大的肉食动物。它们身形魁梧，头很大。毛发通常为单色：黑色、棕色或者白色。它们栖居在山地、温带或热带森林，还有的栖居在北极圈。大部分熊生活在北半球，而南半球熊的数量往往很少。

Ursus americanus

美洲黑熊

体长：1.5~1.8 米
尾长：12 厘米
体重：90~300 千克
社会单位：独居
保护状况：无危
分布范围：加拿大、美国与墨西哥东南部

美洲黑熊毛发浓密，且爪子比灰熊要短。它们还是游泳"高手"。为了寻找食物或逃离危险，它们还擅于爬树。黑熊动作灵敏，奔跑速度可达到 55 千米/时。它们的食物主要有蔬果、老鼠、鱼类、腐肉与大型哺乳动物。除了在发情期或者雌熊不得不抚育幼崽时，美洲黑熊一般过着独居的日子。每胎可产 5 头幼崽，刚出生的幼崽眼睛紧闭着且

没有毛发，体长为 15~20 厘米，重达 200~450 克。刚出生的幼崽跟成年美洲黑熊相比，体形实在是小。幼崽的主要食物是母乳。在春季，当它们离开巢穴的时候，幼崽重达 2~5 千克。它们在 6~8 个月之后便会断奶，而到 17 个月的时候便会离开自己的母亲。

姿势
美洲黑熊可以保持站立姿势并用后脚掌走路。

爪子
美洲黑熊的每个爪子都有 5 个趾尖，可用来挖地。

饮食

黑熊是草肉兼食的动物，主要吃果实（如坚果）、蘑菇、薯类与昆虫。因为它们的视力并不是太好，故利用极其敏感的嗅觉来寻找食物。有时候捕杀陆地生物，有时候捕鱼。它们没有特化的门牙，但是犬齿很长，而前面三个白齿比较短，臼齿有着平坦的牙冠。北极熊是唯一吃鱼类和海豹的熊。亚洲的熊几乎只吃白蚁、昆虫与蜂蜜，而有些北美灰熊在一年的某个时期还会捕杀三文鱼。

冬眠

当冬季到来的时候，许多动物会停止觅食且开始藏匿在巢穴里，消耗秋季储蓄的脂肪来度过寒冬。冬眠期间，它们一分钟只呼吸1~2次，心率减少为每分钟10~50次，体温下降到31~38摄氏度之间。倘若外部环境有所变化，熊会醒过来并且离开。如果外部气候还是很寒冷的话，熊会回到巢穴里继续冬眠。一般幼崽的出生也在这个时期。雌熊只能产个头很小的幼崽，体重一般在225~680克之间。

爪子

熊的四肢很短，每个爪子都有5个趾尖。前爪强而有力，且可弯曲，可执行多种动作。熊是靠脚掌着地行走的。地栖性的熊脚掌通常是毛茸茸的，而树栖性的熊脚掌通常是没毛的。熊可以通过后脚掌短距离行走。通过熊的脚掌、爪子与息肉的特殊结构，可以轻易地辨别它们的食物类别与栖息地环境。

Helarctos malayanus

马来熊

体长：1.2~1.5 米
尾长：3~7 厘米
体重：27~65 千克
社会单位：独居
保护状况：易危
分布范围：东南亚

为了攀缘
马来熊的爪子有5个长且弯曲的锐利的趾尖。

马来熊是体形最小的熊。它们的毛发为黑色，胸部有黄色斑纹，因此它们也被称为"太阳熊"。它们身体丰满，浅色的鼻子短小。它们有大大的爪子与长且弯曲的趾尖，脚掌没有毛，因此马来熊是爬树高手。它们栖居在茂密的热带森林里，喜好夜行。与其他温带或寒带地区的熊不同的是，马来熊不冬眠。它们的舌头很长，可以卷到藏在树里的昆虫，还有巢穴里的白蚁。此外，它们也吃果实、蚯蚓和小型脊椎动物。

舌头
马来熊有着长长的舌头，可以轻易地吃到白蚁与蜂蜜。

Ursus thibetanus

亚洲黑熊

体长：1.2~1.8 米
尾长：6.5~11 厘米
体重：60~110 千克
社会单位：独居
保护状况：易危
分布范围：亚洲东部与南部

亚洲黑熊也叫西藏黑熊或喜马拉雅熊。毛发颜色为黑色，胸部有V形的白色斑纹。它们栖居在潮湿的落叶林或山地地区的丛林里，海拔高度可达3600米。亚洲黑熊在夜晚较为活跃，而白天则在树洞或巢穴里睡觉。亚洲黑熊是爬树与游泳"能手"，而且是所有熊当中最喜素食的。在西伯利亚地区，黑熊冬眠时间为4~5个月，相反，生活在巴基斯坦的黑熊并不冬眠。妊娠期7~8个月，每胎约产2只幼崽，且3个月之后便会断奶。幼崽会一直待在母亲身边直到2~3岁。

Ursus maritimus

北极熊

体长: 1.3~1.9 米
体重: 150~600 千克
社会单位: 独居
保护状况: 易危
分布范围: 北极圈

幼崽
每年雌性北极熊能产下1~2头幼崽。

北极熊, 顾名思义, 生活在北极圈, 而且它们会根据冰块覆盖面积的变化而迁徙。一年之中某些时期北极熊会到特拉诺瓦岛与格兰陵岛。它们的迁徙路程可达1000千米。

食物
每头成年北极熊每天需要30千克的食物, 而幼年北极熊大约需要1千克。它们大部分的食物都是肉类, 包括哺乳动物、鱼类、鸟类、卵, 有时也吃植物。

猎杀海豹
北极熊有各种各样的捕猎技巧, 通常它们会在冰面寻找冰洞, 由于这些冰洞中会有海豹跳出来呼吸, 所以北极熊会在那里静静地等待, 当海豹出现的时候, 它们就用爪子把海豹紧紧抓住, 把其打晕之后吃了它们。

唾手可得的猎物
海豹会跳出冰洞来呼吸, 而北极熊会利用这个机会来完成对海豹的捕杀。

在北极
极地的严寒气候是所有极地肉食动物必须面对的严峻挑战。海豹作为北极熊的主要食物, 会出现在冰冷的水里或冰面上。与其他同样生活在低温环境下的熊科动物不同的是, 北极熊整个冬季的活动都十分活跃。某些情况下, 北极熊也会利用已经储存好的脂肪来度过冬季。

缓慢且持续的游泳
总体而言, 熊科动物的行动较为缓慢, 北极熊在水里的行动也不例外: 它们可以来去自如地游泳, 但是速度不快。它们毛发的颜色已经完全适应了水底的环境。北极熊毛发的内部是中空的, 有利于其浮力的增大。

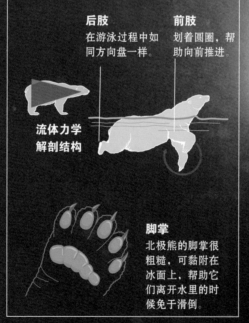

后肢
在游泳过程中如同方向盘一样。

前肢
划着圆圈, 帮助向前推进。

流体力学解剖结构

脚掌
北极熊的脚掌很粗糙, 可黏附在冰面上, 帮助它们离开水里的时候免于滑倒。

北极圈的 "国王"
北极熊食量很大, 这使得它们可以储存大量的脂肪, 脂肪层厚度可达15厘米。脂肪层有两个作用: 在食物缺乏的时候可以当作能量使用, 此外, 还是很好的御寒材料。

毛发
它们的毛发其实是半透明的, 但是由于光照效果, 看起来像是白色或淡黄色的。

滑动
每只前掌都可当作船桨划动, 而且前掌就像是一片叶子般推动着流水, 使得北极熊可以向前游动。

北极熊的生活

在一年当中，北极熊有着固定的周期性活动。季节的变化不仅改变着北极圈的冰层面积，进而也影响着北极熊的日常活动。所有这些使得幼熊有机会慢慢学习如何在冰天雪地里应付各种状况及保护自己。

1 2~4 月
在这段时期，北极熊通常会离开巢穴，外出哺育幼崽。雌性会在冰面上教幼崽一些基本的生存技巧。

2 4~5 月
这段时期是北极熊的繁殖期，也是唯一组成群体的时期。通常雌性会发情，而雄性会因此被吸引。

3 4 月或5~7 月
北极熊会通过不同的捕猎技巧捕杀海豹。

鼻子
当北极熊潜水的时候，它们会把鼻孔闭合。而当它们跳出水面进行呼吸的时候，鼻腔内膜会把北极的冷空气变得温暖湿润。

4 7 月至次年 1 月
这是一年当中最冷的时期，雌性会在巢穴里产下1~2 只幼崽。

2.5 万
人们认为，在北极仍幸存着2.5 万只北极熊。

Ailuropoda melanoleuca

大熊猫

体长：1.5~1.8 米
尾长：10~15 厘米
体重：70~125 千克
社会单位：独居
保护状况：濒危
分布范围：仅中国中部的一小片区域

大熊猫是食肉目中主要食物几乎完全为植物的唯一物种。它们95%的食物都是竹子，每天可吃掉14千克的竹子。此外，它们也吃一些小型哺乳动物、鱼类、昆虫、花、根以及生长在潮湿森林里的蘑菇。与其他熊科动物不同的是，大熊猫不需要冬眠，而是在天气寒冷的时候，移居到海拔较低的地方。它们通过爪子与肛腺和尿液散发出的气味来标定自己的领地。妊娠期长达140天，雌性大熊猫一次可产下3只幼崽，但是通常只有1只会存活下来。在出生的时候，幼崽不超过150克，且毛发颜色与成年大熊猫不一样，通体为白色，而成年大熊猫的毛发颜色为黑白相间。幼崽会在50~60天的时候睁开眼睛，到18个月的时候便会断奶，开始吃竹子。

保护状况

100 多只大熊猫被圈养在世界各个动物园里。目前估计在大自然中生活的大熊猫只有1500只，由于栖息地的稀少，大熊猫正处于濒危状态。

大熊猫的拇指
大熊猫的第6个与其他指相对的拇指使得它们可以轻易地抓取竹子。

如果有需要
大熊猫可以攀登4米之高，为了躲避危险，它们还会游泳。

Tremarctos ornatus

眼镜熊

体长：1.5~1.8 米
尾长：7~12 厘米
体重：80~150 千克
社会单位：独居
保护状况：易危
分布范围：南美洲安第斯山脉地区，从委内瑞拉至玻利维亚

眼镜熊是南美洲唯一的熊科动物。它们栖居在安第斯山脉的丛林与半干旱的沙漠里。它们的毛发颜色为黑色、棕色或少有的红色，而在它们眼睛周围有着白色或黄色的圆圈。眼镜熊是独居动物，喜爱夜行，擅于爬树。它们的主要食物是果实，尤其是凤梨科植物，也吃树皮、树叶、蜂蜜、爬行动物、鱼类和小型鸟类。因为常年都有食物供应，所以眼镜熊无须冬眠。

Melursus Ursinus

懒熊

体长：1.5~1.8 米
尾长：7~12 厘米
体重：55~140 千克
社会单位：独居
保护状况：易危
分布范围：亚洲南部（尼泊尔、印度、斯里兰卡与不丹），在孟加拉可能已经灭绝

懒熊是夜行动物，走路很慢，可灵活爬树。无须冬眠，但是在雨季一般不进行活动。它们的主要食物是昆虫，如蚂蚁、白蚁和蜜蜂，也吃果实、薯类、谷类与蜂蜜。懒熊会挖掘蚁穴或蜂窝来寻找食物，在大口吸食昆虫的时候，它们会把鼻孔与部分嘴唇闭上。

Ursus arctos

棕熊

体长：2~3 米
尾长：5~20 厘米
体重：100~1000 千克
社会单位：独居
保护状况：无危
分布范围：欧洲、亚洲与北美洲

棕熊是体形最大的熊之一，而且在世界各地均可找到它们的踪迹。体形大小与毛发颜色根据栖息地、食物与地理变化特点而有所不同。它们的亚种科迪亚克熊是体形最大的棕熊，而北美棕熊毛发颜色较亮。棕熊可以吃的食物有很多，包括坚果、水果、树叶、树根、鱼类、老鼠、大型草食动物与腐肉。每头棕熊的体重一年四季常有变化。在春秋季节，每天摄入的食物约有40千克，这使得它们能在严寒的冬季躲在巢穴里通过冬眠抵御恶劣的天气。雌性在巢穴里待的时间较长，并且在这一时期产下幼崽。受精卵一般在秋季着床于子宫内，在经过2个月的妊娠期后，棕熊会在冬眠期间产下幼崽。雌性与雄性的体形大小不一，通常雄性要比雌性大10%。据人类观察，成年棕熊没有天敌。

棕熊会在河边聚集起来，寻找在河边游着的鱼，通过它们的爪子把鱼打晕，然后再用它们强而坚硬的牙齿把它们牢牢咬住。

虽然棕熊体形很大，但十分迅速敏捷，速度可达到48千米/时。

棕熊的嗅觉十分灵敏，这使得它们可以跨越数千米轻易地寻找食物。

硕大的肌肉块。

当棕熊遭遇危险或寻找食物的时候，它们的后肢会直立起来

棕熊前爪很长，便于挖地

海豹和海狮

门：	**脊索动物门**
纲：	**哺乳纲**
目：	**食肉目**
科：	**2**
属：	**17**
种：	**33**

海豹和海狮栖居在全世界的各个大洋里。它们的四肢如鳍一般，身体纤长。海豹科与海狮科的动物大部分时间都待在水里，偶尔为了繁殖或者脱毛也会到冰面上行走。它们通过肺部呼吸，身体保持恒温。

Otaria flavescens
南海狮

体长：1.8~2.8 米
尾长：短
体重：150~350 千克
社会单位：群居
保护状况：无危
分布范围：秘鲁、智利、阿根廷、乌拉圭与巴西南部沿岸

成年的雄南海狮有着茂密的鬃毛，如同狮子一般。此外，为了把它们跟海熊区分开来，它们也被称为海狼。南海狮的毛发下面还有一层套膜。皮毛颜色多变，从微红棕色到浅黄色（尤其是雌性南海狮）。

它们有着大而有力的犬齿。主要食物为鱼类、乌贼、贝类与企鹅。在繁殖期，它们会组成一个群体。成年的雄性南海狮可以捍卫自己的领地长达 2 个月，而且在此期间不仅不眠不休，还无须进食。那些不参与繁殖的海狮会在参与繁殖的集群周围组成"单身俱乐部"。雌性南海狮通常 1 年只产 1 只幼崽，幼崽需要哺乳长达 2 个月。由于南海狮繁殖群建立与生产的同时性，南海狮们都会相互照顾对方的幼崽。南海狮并不喜欢迁徙，尽管有些南海狮在繁殖期之后会游动很长一段距离。

性别二态性
雌性南海狮体形较小，体重较轻。

Zalophus californianus
加州海狮

体长：1.5~2.5 米
尾长：短
体重：50~400 千克
社会单位：群居
保护状况：无危
分布范围：加拿大、美国与墨西哥的太平洋沿岸

加州海狮在许多马戏团或海洋水族馆里面被称为"海豹"。雄性颜色为棕色，没有鬃毛，而雌性颜色为亮咖啡色。一般在大海沿岸可以看到它们的踪迹。加州海狮可以下潜至 274 米。主要食物为头足纲动物与鱼类。与其他海狮不同的是，雄性对照顾幼崽十分感兴趣，而雌性则到海里觅食，甚至保护幼崽，以免其遭受鲨鱼的攻击。

登陆
雌性加州海狮回到陆地上进行交配及照顾幼崽。

Arctocephalus gazella
南极海狗

体长：0.39~1.72 米
尾长：短
体重：30~126 千克
社会单位：群居
保护状况：无危
分布范围：南极辐合带附近的海域和岛屿

南极海狗有着细长的耳朵与前鳍。它们在陆地上动作十分敏捷，奔跑速度达到 20 千米／时。主要食物为磷虾、鱼类、乌贼和企鹅。雄性颜色为灰色，有着长长的触须和白色的鬃毛。雌性以及幼崽的身体颜色比较明亮。妊娠期长达 11 个月。哺育期，雌性会进入海里觅食，而幼崽则会待在岛上等候。

移动

海豹后鳍朝后，在陆地上无法站立与行走。而海象，虽然是水生生物，但仍然可以在陆地上以超快的速度进行移动。海狮通过四肢来完成身体移动，而且它们在水里还是游泳与潜水的"高手"。在水里，海豹主要依靠后鳍提供推动力，而海狗则通过前鳍完成移动。

繁殖与哺育

海狮会用脂肪与热量很高的母乳来喂养幼崽。妊娠期长达8~15个月。有些海狮的胚胎着床会滞后，这使得幼崽的出生和雌性抵达繁殖群的时间有所冲突。雄性的体形要比雌性大许多。海豹的情况则相反，除了冠海豹之外，所有的海豹无论是雌性还是雄性，大小都差不多。海狮会组成数目繁多的集群，而大部分海豹都过着独居生活。

毛发

海狮有着一层厚厚的脂肪层，不仅可以抵御严寒，还可以为它们提供能量与浮力。此外，它们还有一层皮毛，使其免受海岸上沙石的击打，而皮脂腺分泌物则起到润滑的作用。有些海狗甚至有双层皮毛，一层在内部深处，短且柔软，另外一层在外部，长且坚硬。然而，海狮与海狗不同，它们只有一层外部的皮毛。海洋生物初生时都有一层皮毛，但在几天后会进行蜕皮，海豹的毛发通常是毛茸茸的，而海狗的毛质相对干燥。

Callorhinus ursinus
北海狗

体长：1.42~2.13 米
尾长：短
体重：43~272 千克
社会单位：群居
保护状况：易危
分布范围：太平洋北部，自韩国、日本至墨西哥

北海狗有着一身浓密的毛发，因此经常遭到捕杀。成年雄性的毛发颜色为深灰色，而四肢为微红色，雌性为淡灰色，刚出生的幼崽为黑色。它们有着尖尖的鼻子和耳朵，后鳍很长。它们可以在陆地上来去自如地走动，在水里则是游泳和潜水"高手"。北海狗是北半球所有海狗中最喜深海游的，除了在哺育幼崽时，北海狗一般都远离海岸，潜入温度为6~11摄氏度的水底之中。雌性会在集群中产下幼崽，且在7天之后便会潜入海底寻找食物，幼崽在1个月之后才会潜水。吃鱼类和乌贼。北海狗在黄昏到清晨这段时间十分活跃，而白天会浮在水面上睡觉。

浓密的毛发
北海狗身上每平方厘米约有5.7万根毛。

| 门：脊索动物门 |
| 纲：哺乳纲 |
| 目：食肉目 |
| 科：海象科 |
| 种：1 |

海象

世界上海象科只有一种海象，没有亚种。长长的象牙是它们的标志。

Odobenus rosmarus
海象

体长：2.25~3.56 米
尾长：无
体重：400~1700 千克
社会单位：群居
保护状况：数据不足
分布范围：北冰洋及大海沿岸

海象身体粗壮，头部圆润，眼睛很小。全身除了鳍之外都覆盖着毛发，因此不易被察觉。主要食物为双壳类软体动物与棘皮动物（位于海底20~100米之间）。它们的上方犬齿在1岁时会长出来，之后随着年龄慢慢增长，最长可达1米。

Hydrurga leptonyx
豹海豹

体长：2.41~3.38 米
尾长：短
体重：200~591 千克
社会单位：独居
保护状况：无危
分布范围：南极洲及其周边岛屿

豹海豹是个能干、迅猛的"捕猎者"，能够在浮冰或海面上捕猎，它们的捕猎能力在南极洲仅仅被逆戟鲸所超越。主要的食物有企鹅、海豹、蟹类、鱼类、磷虾和乌贼。全身颜色为深灰色，背部为黑色，腹部为亮灰色。在喉部、肩部和身体两侧有一撮灰色。雌性体形比雄性要大。它们两颊很宽，牙齿很长很尖，这使得它们可以轻易地撕碎大型猎物或一次性吞入大量小型动物。豹海豹在海底完成交配，妊娠期长达 11 个月，豹海豹的幼崽在冰面上出生，重达 30 千克，出生 4 周后便会断奶。

细长的身体
豹海豹肌肉发达，身体纤长，呈流线型。

Halichoerus grypus
灰海豹

体长：0.95~2.3 米
尾长：短
体重：85~400 千克
社会单位：群居
保护状况：无危
分布范围：大西洋、波罗的海沿岸

雄性与雌性灰海豹的身体颜色、鼻子形状以及尺寸都不一样，一般雄性的鼻子更长，体重更重。毛发颜色多样，有灰色、棕色、黑色或银白色。主要食物为鱼类、章鱼、乌贼和贝类。一般灰海豹会在石滩、悬崖或岛屿上哺育幼崽。幼崽的出生预示着雄性要开始划定自己的领地。灰海豹的交配行为既可以在陆地上进行也可以在海水里进行。妊娠期长达 11 个月，哺乳期为 16~21 天。

Lobodon carcinophagus
食蟹海豹

体长：2~2.62 米
尾长：退化
体重：200~300 千克
社会单位：群居
保护状况：无危
分布范围：南极洲及其周边岛屿

食蟹海豹有着纤细的身体与长长的前鳍。它们有银灰色的毛发，身体两侧有小斑纹，在夏季这些斑纹会变成浅黄色。虽然它们被叫作食蟹海豹，但是根本不吃螃蟹。它们的主要食物是磷虾。

食蟹海豹在冰天雪地里是动作最为迅猛的海豹，速度可达 25 千米/时。雄性会保护雌性与幼崽，防止它们被逆戟鲸和豹海豹所侵害。

Monachus monachus
地中海僧海豹

体长：2.35~2.78 米
尾长：退化
体重：250~300 千克
社会单位：群居
保护状况：极危
分布范围：地中海与黑海及非洲西部

地中海僧海豹的背部呈深棕色、黑色或亮灰色，有些在腹部上还有灰白色的斑点。主要的食物为水深约 30 米处的鱼类和章鱼。有时候它们也捕捉螃蟹和海龟。很久以前，它们一般在开阔的石滩上哺育幼崽，但是由于人类活动的日渐活跃，它们不得不转移到洞穴或地下石窟。妊娠期长达 11 个月。幼崽出生后第 1 周就会钻入水中生活，6 周后断奶。在哺乳期间，雌性对幼崽寸步不离，因之前储存的脂肪而得以幸存。幼崽会一直待在雌性身边，直到 3 岁。

地中海僧海豹在水里通过尖锐的叫声进行沟通，也以此来警示对方危险的到来。

保护状况
地中海僧海豹广泛分布于地中海与非洲西部的大西洋沿岸，但是人类的捕猎与干扰使它们的数目大幅下降。目前存活着不足 500 只地中海僧海豹。

Pagophilus groenlandicus

竖琴海豹

体长：0.83~1.71 米
尾长：退化
体重：120~135 千克
社会单位：群居
保护状况：无危
分布范围：大西洋北部与北极冰川

竖琴海豹毛发的颜色为银灰色，头部为黑色，背部有着竖琴状的斑纹。幼崽出生时是淡黄色的，之后变成白色，并维持 12 天左右。它们在冰里能快速移动，是游泳和潜水"高手"，潜水深度可达 200 米。它们主要吃鱼类和甲壳类动物，且喜好迁徙，一年可游动 5000 千米。在繁殖期间，竖琴海豹会聚在一起，组成大型的集群。

Leptonychotes weddellii

韦德尔海豹

体长：2.5~3.5 米
尾长：退化
体重：400~450 千克
社会单位：群居
保护状况：无危
分布范围：南极洲及其附近岛屿

韦德尔海豹是南半球分布最广的哺乳动物。它们的头小、鼻子短、眼睛大。门牙和上犬齿十分有力。它们首先用门牙来咬断冰块之后再用犬齿来凿洞，之后再利用这些凿好的洞口跳进水里或者时不时探出头来呼吸。它们在水下时视力十分好，是潜水"高手"，可以潜入海底 600 米，在水里会发出持续且多变的叫声。它们的主要食物是鱼类。

皮肤的斑纹
毛发为灰蓝色，通体带有斑点。

Mirounga leonina

南象海豹

体长：2~6 米
尾长：退化
体重：400~5000 千克
社会单位：群居
保护状况：无危
分布范围：南极洲及其附近岛屿、阿根廷东南部

雄性南象海豹有健壮的身体及发达的象鼻，这也是它们名字的由来。在所有哺乳动物当中，南象海豹的性别二态性是最明显的。一年中它们有 8 个月都是待在海里深潜。它们有大大的眼睛，在海底深处可以捕捉到微弱的光线，吃鱼类和头足纲动物。在繁殖期间，它们会选择平坦的沙滩或卵石滩。占主导地位的雄性可与 60 多只雌性交配。在雄性间的斗争中，它们会抬起 2/3 的身体，用犬齿撞击对手的脖子或象鼻，并且发出穿透数千米的响亮吼声。刚出生的幼崽重约 50 千克，在 20~25 天之后断奶，这时重约 140 千克。

象鼻
作为吼叫时的共鸣腔

Mirounga angustirostris

北象海豹

体长：2~5 米
尾长：退化
体重：600~2700 千克
社会单位：独居
保护状况：无危
分布范围：阿拉斯加东南部至加利福尼亚州沿岸

北象海豹与南象海豹相比，它们的象鼻更长且体形更小。它们全身为深灰色，但是随着年龄的增长，渐渐会变成灰褐色。雄性可潜入 1500 米深的海底，这在所有用肺部呼吸的脊椎动物里创下了不可打破的纪录。它们会在远离人类的海滩上哺育幼崽。一只雄性可与四五十只雌性交配。它们一年内会迁徙 1.8 万 ~2.1 万千米，是所有哺乳动物之中迁徙距离最长的。

臭鼬及其近亲

门:	脊索动物门
纲:	哺乳纲
目:	食肉目
科:	臭鼬科
种:	12

臭鼬，体形中等，毛发黑色，背部有一块白色斑纹。它们喜好夜行，只在交配时成对出现。除了东南亚的一些臭鼬外，大部分臭鼬都栖居在美洲。它们的尾巴下面有两个腺体，会发出奇臭无比的液体，用来自我防卫。

Conepatus chinga
智利獾臭鼬

体长: 30~80 厘米
尾长: 18~40 厘米
体重: 2~4.5 千克
社会单位: 独居
保护状况: 无危
分布范围: 南美洲中西部

智利獾臭鼬有着圆圆的身子、长长的尾巴和浓密的毛发，从头到尾有着两条平行的白色条纹。它们有着锋利且弯曲的爪子。主要食物为植物、小型脊椎动物（鸟类、爬行动物、老鼠、两栖动物）和腐肉。黄昏或夜间活动，栖居在牧场，灌木丛，稀树草原的洞穴、裂缝或树木的孔洞里，有时会接近人类。妊娠期为 2 个月，一次能产下 2~5 只幼崽。雌性会哺乳幼崽 8~10 周，之后幼崽便可独立生活。

Spilogale putorius
东部斑臭鼬

体长: 35~58 厘米
尾长: 15~20 厘米
体重: 1.5 千克
社会单位: 独居
保护状况: 无危
分布范围: 美国东部与加拿大南部

当受到敌人侵袭时，东部斑臭鼬会转头且前爪着地倒立，喷出奇臭无比的液体。东部斑臭鼬是臭鼬科唯一会爬树的物种。它们行动活跃，草肉兼食，会栖息在洞穴或草地、森林、农田或悬崖边的树洞里。刚出生的东部斑臭鼬皮肤被一层薄薄的黑白毛发覆盖着，眼睛无法看见东西。

斑驳的毛发
头部毛发最短而尾巴毛发最长。

Mephitis mephitis
臭鼬

体长: 57~80 厘米
尾长: 17~30 厘米
体重: 1.5~5.3 千克
社会单位: 独居
保护状况: 无危
分布范围: 加拿大至墨西哥

臭鼬体形中等，背部有两条白色的条纹。尾巴长着浓密的黑色毛发。它们草肉兼食，栖息在树林、农田或干旱的草原里。足部有利爪，后肢的足跟几乎着地。臭鼬从小就能喷出奇臭无比的液体。

Conepatus semistriatus
墨西哥獾臭鼬

体长: 34~57 厘米
尾长: 16~31 厘米
体重: 1.4~3.5 千克
社会单位: 独居
保护状况: 无危
分布范围: 中美洲、南美洲东部与北部

墨西哥獾臭鼬的颈背有一团白色的毛发，一直往后延伸，直到被一条窄窄的黑色条纹分隔开来。尾巴长有白色与黑色的短毛。它们栖息在岩石区、灌木丛或稀疏的森林里，也可以适应被人类改造过的自然地区。草肉兼食，主要食物为昆虫、蜥蜴与鸟类。

浣熊及其近亲

门：	脊索动物门
纲：	哺乳纲
目：	食肉目
科：	浣熊科
种：	14

浣熊体形中等偏小，有着弯弯的长尾巴。它们的口中原本有裂齿，进化成能咬碎植物与果实的牙齿。脸上有个特别的"面罩"。它们用脚掌走路，有着可伸缩的爪子，喜好夜行，爬树灵活。

Procyon cancrivorus

食蟹浣熊

体长：40~70 厘米
尾长：20~40 厘米
体重：3~8 千克
社会单位：独居
保护状况：无危
分布范围：南美洲中部与北部

食蟹浣熊有个特殊的癖好，喜欢用双爪弄湿食物。身体粗壮，头部圆润，脸部有黑色的"面罩"，长长的尾巴有明显的黑色圆圈。它们浅灰色的毛发比北美洲的浣熊要短。它们一般生活在靠近水的地方，在这里可以轻易地找到它们的食物：螃蟹、软体动物、两栖动物、昆虫、果实、鱼类和鸟类。喜好夜行，一般栖息在树洞、洞穴或其他动物的巢穴里。

Nasua nasua

南美浣熊

体长：41~67 厘米
尾长：30~60 厘米
体重：3~8 千克
社会单位：群居
保护状况：无危
分布范围：南美洲中部与北部

南美浣熊体形中等，走路的时候尾巴翘起，它们爬树时会用尾巴来缠住树枝。毛发柔软呈褐色，腹部分较为鲜亮，尾巴有着白色的圆圈。它们栖息在林地里。白天十分活跃，时而寻找食物，时而在树上休憩。它们喜好社交，偶尔看到一些独居的南美浣熊也不奇怪。它们草肉兼食，经常在城市地区寻找食物。

外貌
鼻子很长，还有和熊一样的爪子

Procyon lotor

浣熊

体长：42~60 厘米
尾长：20~40 厘米
体重：3~12 千克
社会单位：独居
保护状况：无危
分布范围：加拿大南部至巴拿马

浣熊毛发为灰色、棕色或黑色，在眼睛周围有深色的"面罩"。尾巴有交替的浅色圈。它们栖息在靠近水的地方，落叶林或城市郊区。在冬季，尽管不是冬眠期，它们睡觉期间体重也会迅速减轻。

鼬

门:	脊索动物门
纲:	哺乳纲
目:	食肉目
科:	鼬科
种:	59

鼬是肉食动物中种类最多的动物。它们栖息在各种各样的环境里，从潮湿的热带丛林，到北极圈，再到海洋。它们身体矫健，体形大小不一。所有的鼬科动物，除了海獭，都会选择洞穴作为栖身之地。有些鼬科动物和臭鼬一样，还会喷出恶臭的液体。

Gulo gulo
貂熊

体长: 0.65~1 米
尾长: 17~26 厘米
体重: 20~30 千克
社会单位: 独居
保护状况: 无危
分布范围: 欧亚大陆北部、北美洲北部

貂熊身体健壮，它们栖息在泰加林和苔原里，在欧洲分布不多。它们草肉兼食，除了繁殖期及照顾幼崽期间外，其他时间都是独居的。无论是白天还是黑夜，它们都会活动。它们耐力十足，可以抵挡最恶劣的气候，而且长年都较为活跃。它们的食物有卵和驯鹿。貂熊可以推倒体形比自己大 5 倍的猎物。它们擅长爬树，还是游泳能手。雌性会在雪地里建巢，以便生产，幼崽出生后会在巢里待上好几周。它们会全力捍卫自己的领地，直到幼崽可以独立捕猎。和其他鼬科动物一样，它们通过肛腺分泌出来的物体来标定自己的领地以及存储在雪下的食物。

成长
大约在 1 岁的时候，幼崽会达到成年的体形。

有力的双爪
双爪很短，但是十分有力，每个爪子都有 5 个脚趾。

Pteronura brasiliensis
巨獭

体长: 1.7~1.95 米
尾长: 55~75 厘米
体重: 23~35 千克
社会单位: 群居
保护状况: 濒危
分布范围: 南美洲中部与北部

巨獭身体很长，毛发为黑色，富有光泽，其腹部颜色要鲜亮一些，喉部有着淡黄色的斑纹。四肢很短，有 5 个脚趾。主要食物为鱼类和小型脊椎动物。它们栖息在靠近河流峡谷、森林、灌木丛林的洞穴里。

Lutra lutra
欧亚水獭

体长: 0.85~1.4 米
尾长: 30~50 厘米
体重: 3~14 千克
社会单位: 独居
保护状况: 近危
分布范围: 欧洲、亚洲和非洲

欧亚水獭身体呈纺锤形，四肢很短，头部有点长，鼻子扁平，耳朵呈圆形。它们的毛发为褐色，喉部有一团白色的斑纹。它们在水里寻找食物，在陆地上建窝，擅长游泳与潜水，在黄昏或夜晚十分活跃。它们的主要食物是鱼类、甲壳类动物、软体动物、小型哺乳动物、鸟类、卵和爬行动物等。

Mustela nigripes
Audubon & Bachman

黑足鼬

体长：35~60 厘米
尾长：15 厘米
体重：0.7~1.1 千克
社会单位：独居
保护状况：濒危
分布范围：美国

黑足鼬身体细长，四肢短小，可在各个洞穴之间来去自如，土拨鼠是它们的主要食物。毛发颜色为黄褐色，腹部颜色较为苍白。它们的前额、嘴巴与喉部颜色发白，而四肢颜色为黑色，眼睛周围有一个黑色的"面罩"。黑足鼬喜好夜行，大部分时间都待在巢穴里。面对同性对手时，会积极地捍卫自己的领地。一旦它们被打扰，会咬牙切齿或发出嘶嘶声。

保护状况

1987 年，黑足鼬被认为是野外灭绝的物种。通过把圈养黑足鼬野外放归的恢复方案，使得它们的数目有所增长。

对幼崽的照顾
黑足鼬每胎可产1~6 只幼崽，它们会待在地下约42 天

Taxidea taxus

美洲獾

体长：52~87 厘米
尾长：10~15 厘米
体重：4~12 千克
社会单位：独居
保护状况：无危
分布范围：加拿大至墨西哥

美洲獾和欧洲獾类似。它们偏好栖息在开阔的牧场或松散的土壤，在那里它们可以抓到老鼠、松鼠、土拨鼠和其他小型哺乳动物。此外，它们也吃卵和昆虫。美洲獾喜好夜行，尽管冬季它们也会进入昏睡状态，但是不冬眠。它们会利用其他小动物弃置的巢或自己建造小巢。每胎平均产 3 只幼崽，幼崽一般在春季出生。

Eira barbara

狐鼬

体长：56~68 厘米
尾长：38~45 厘米
体重：4~6 千克
社会单位：独居或成对
保护状况：无危
分布范围：美国、墨西哥至阿根廷

狐鼬因其快捷的爬树速度而有名。它们的爪子十分有力，尾巴细而长。毛发短而粗糙，颜色为深褐色或黑色，喉部及胸口部位有一块亮黄色的斑纹。雄性体形一般比雌性要大。它们喜好在日间行动，栖息在热带、亚热带森林和丛林里。它们也会靠近人类居住的地方，主要吃小型啮齿目动物、果实、爬行动物和无脊椎动物。每胎可产2~3 只幼崽，幼崽体重小于 90 克。

Martes martes

松貂

体长：45~58 厘米
尾长：30 厘米
体重：1.5 千克
社会单位：独居
保护状况：无危
分布范围：欧洲和亚洲西部

松貂有着小小的脑袋和尖尖的鼻子，身体纤长，四肢短小。毛发浓密而柔软，呈深棕色，腹部颜色偏淡黄色，脸上长着一个奇特的"面罩"。主要食物为小型脊椎动物、果实和卵。松貂喜好夜行，栖息在落叶林或针叶林等古老的树木间，但在森林之外也能寻找到它们的踪迹。松貂的天敌有老鹰、猫头鹰和狐狸。由于它们珍贵的皮毛，松貂正被大规模地捕杀。

Enhydra lutris

海獭

体长：1.2~1.5 米
尾长：40~50 厘米
体重：22~45 千克
社会单位：独居或群居
保护状况：濒危
分布范围：太平洋北部（日本、俄罗斯、加拿大、美国和墨西哥）

海獭是所有鼬科动物中体形最大的。它们的毛发颜色为深褐色，但也有些是灰褐色、淡黄色，甚至黑色。成年海獭的头部、颈部和胸部颜色会比身体其他部分要鲜亮一些。主要食物为海胆、软体动物、甲壳类动物和鱼类。海獭是少数能够使用工具的哺乳动物，可利用岩石来敲碎贝壳。它们还是毛发最浓密的哺乳动物之一，每平方厘米约有10 万根毛，可以很好地抵挡海底的严寒。当它们睡觉时，为了固定位置，会攀附在海藻上。在水底时，它们会用身体的后肢拍打水来完成移动。此外，它们还可以潜水长达 6 分钟。在陆地上的时候，它们的行动显得比较笨拙。一年四季都能够繁殖后代，但是一般而言，

一年只产 1 胎。雌性会照顾并教给幼崽一些必要的捕猎、游泳和自我清理技巧。

20 世纪 70 年代，海獭数量有1000~2000 只，到目前为止，数量应该是有所上升的。

工具的运用

海獭用前肢夹住海胆，后肢固定住石块当作锤子使用，每15 秒会连续撞击45 次。

后肢

海獭后肢很长，宽且扁平，上面的蹼和爪不仅可以用来推进身体的前进，还可以给予其更大的抓地力。

浓密的毛发
起到保暖作用

适应水底生活
为了潜水可以堵住鼻孔和耳孔。

肾脏有净化海水的功能。

"口袋"与食物储备
一个松弛的皮"口袋"横跨胸部，这里储存着它们的食物

Mustela putorius
鸡貂

体长：30~50 厘米
尾长：10~19 厘米
体重：0.7~1.5 千克
社会单位：独居
保护状况：无危
分布范围：欧洲、亚洲和非洲的摩洛哥

鸡貂有着小且扁平的脑袋和小巧的耳朵。背部毛发颜色为灰色、褐色或淡黄色，四肢和腹部为黑色。眼睛周围有两条白色的条纹，像是戴了一个黑色的"面罩"。鸡貂在陆地上十分灵巧，可以轻易地寻找到猎物。它们会捕杀一些小老鼠，甚至一些比它们体形还要大的兔子。它们只会在发情期或哺乳期成对居住。它们栖息在湿地、森林边缘或草原上，一般会躲在小洞穴里。

Mustela nivalis
伶鼬

体长：15~23 厘米
尾长：4~13 厘米
体重：40~60 克
社会单位：独居
保护状况：无危
分布范围：欧亚大陆、非洲北部和北美洲

伶鼬身体小巧修长且灵活。背部毛发为棕红色，腹部有棕色的小斑点。在北部，伶鼬通体为白色。它们栖息在森林、草原，甚至人类居住的地方。主要食物为脊椎动物，例如小老鼠。它们的感官很发达，白天和夜间视力都很好，擅长爬树和游泳。

Mustela erminea
白鼬

体长：26~33 厘米
尾长：10~11 厘米
体重：100~120 克
社会单位：独居
保护状况：无危
分布范围：北美洲北部和欧亚大陆

以前，白鼬由于有着柔顺珍贵的白色毛发，经常被人类所捕杀。现在为了做毛皮大衣，人类开始了圈养白鼬的活动。白鼬身体小巧而细长，它们的头部呈三角形，耳朵小而圆，双眼明亮，胡须很长。它们的四肢有着细长的爪子，可以用来挖地。它们栖息在森林或开阔的田地里，是地栖性动物，不会爬树。主要食物是老鼠。夏季它们的毛发为褐色，而冬季为白色，这使得它们可以很好地隐藏在大自然中。

门：	脊索动物门
纲：	哺乳纲
目：	食肉目
科：	熊猫科
种：	1

小熊猫

熊猫科曾经总共有 9 个亚种，但现在只存活下小熊猫这一个物种。如今人们会把熊猫科和浣熊科、鼬科和臭鼬科联系在一起。

Ailurus fulgens
小熊猫

体长：50~60 厘米
尾长：37~47 厘米
体重：4~6 千克
社会单位：独居
保护状况：易危
分布范围：喜马拉雅山脉南部、中国西部和印度北部

小熊猫主要吃竹子，通过前肢把竹子送进嘴里。此外，它们也吃浆果、卵。它们栖息在落叶林或针叶林的树枝上。它们在树枝上通过尾巴来保持平衡。早晨、黄昏或夜晚的时候，小熊猫行动活跃，通过凄厉的叫喊声来交流。它们的行为根据一年四季的温度、有无食物以及幼崽的诞生而有所不同。它们只会在繁殖期间和其他的小熊猫个体聚集在一起。每胎可产 1~4 只幼崽。

保护状况

栖息地减少、森林砍伐以及人类的非法狩猎使得小熊猫的生存遭受威胁。

猫科动物

　　猫科动物是擅于捕猎的肉食动物，它们的听觉与视觉都十分发达。它们眼睛很大，有着圆形的瞳孔，依靠脚趾走路，前肢有 5 趾而后肢有 4 趾，爪子可自由伸缩。除了澳大利亚和南极洲以外，几乎在全世界都有野外猫科动物的踪迹。

| 门：脊索动物门 |
| 纲：哺乳纲 |
| 目：食肉目 |
| 科：1 |
| 种：36 |

外形

　　猫科动物包括猞猁、老虎、美洲狮、豹、美洲豹和家猫等。它们之间大小、体重不一，皮毛颜色有灰色、微红色或者黄褐色，一般它们的皮毛都有斑纹或者斑点点缀，例如美洲豹。它们的皮毛不仅仅是为了抵抗外部环境的严寒，还有益于它们隐藏在大自然中更便捷地捕杀到猎物。

解剖结构

　　猫科动物身体灵活，善于捕猎。它们只要轻轻蹬脚，猛力一跳，便能迅猛地扑向猎物。它们脚下都有着厚厚的脚垫，这使得它们可以悄无声息地靠近猎物。它们的爪子都十分锋利，而舌头有着一层乳头角膜，用来刮肉。

牙齿

　　猫科动物一般有 30 颗牙齿，与犬科动物相比数量较少。它们的门牙很小而犬齿却很大、很尖，这有利于它们刺穿猎物的皮肉。首个前臼齿退化消失了，第 2 个前臼齿也萎缩或者直接消失不见了。它们的裂齿十分发达，而臼齿可用来切割食物，但是不用来粉碎食物。

感官

　　总体而言，猫科动物最发达的感官是它们的视觉和听觉，这也是它们在捕猎过程中最常用到的。它们的眼睛能够很好地适应夜晚的黑暗和白天刺目的阳光。它们的嗅觉在和同类的交流当中起到不可或缺的作用。它们的触须和其他遍布全身的毛发一样，也是它们触觉的一部分。

栖息地

　　有些猫科动物是完全地栖性的，例如狮子。而有些栖息在靠近水源的地方，是游泳"能手"，例如渔猫。也有些是在树上度过它们大部分的时光，例如虎猫。猫科动物的栖息地十分多样化，有沙漠、草原、丛林、潮湿的森林或山地。除了澳大利亚和南极洲外，野外的猫科动物在全世界均有分布。而家猫在澳大利亚也野性化起来，由于它们大规模地增长，占据了许多自然环境和资源，实际上给许多动物物种带来了生命威胁。

可伸缩的爪子
在休憩时，爪子朝内，被一层肌肉包裹着，可以有效地防止在走路过程中的磨损。而在受到刺激时，这块肌肉会收缩，爪子便会外露出来。

休息时候的爪子

向外扩展的爪子

Felis silvestris
斑猫

体长：80 厘米
尾长：35 厘米
体重：3.5~5 千克
社会单位：独居
保护状况：无危
分布范围：欧洲、非洲和东南亚

斑猫毛发柔软而浓密，呈褐色，夹杂着深色条纹。它们是爬树"高手"，白天会在树洞或其他洞穴里休憩。它们栖息在森林、草原、灌木丛、山地，甚至是沙漠里。尽管白天它们会在鲜有人类出没的地方四处游荡，但总体而言，斑猫是夜行动物。主要食物为小老鼠、野兔、鸟类，有时为了有助于消化羽毛和骨头，它们也吃青草。妊娠期长达 66 天，一胎一般产 2~3 只幼崽，头 5 个月由雌性照顾。

祖先
家猫是非洲野猫的后代。

Lynx rufus
短尾猫

体长：0.76~1.2 米
尾长：8~15 厘米
体重：5~15 千克
社会单位：独居
保护状况：无危
分布范围：加拿大南部至墨西哥南部

短尾猫适应能力极强且不挑食，吃老鼠、鸟类、爬行动物，甚至是小型有蹄动物，这使它们可以在各种环境下生存，例如丛林、沼泽、山地和森林。此外，它们也捕捉小型的家养动物，因此有些地区的人类恨不得把短尾猫杀光。夜晚，它们会在陆地上活动，但它们同时也是爬树"高手"。它们在交配期间会频繁发出号叫声或嘘声。一旦它们性成熟，雄性会外出去寻找自己的住处，可能超过 450 千米才定居下来。

浓密的毛发
短而柔软，黄色或红棕色不等。

Lynx pardinus
伊比利亚猞猁

体长：0.85~1.1 米
尾长：12~16 厘米
体重：6~16 千克
社会单位：独居
保护状况：极危
分布范围：西班牙和葡萄牙

伊比利亚猞猁是灭绝风险不断增加的猫科动物。它们有着稳健的身形，四肢纤长，毛发浓密且厚实，有着灰色或棕色的斑点，且根据斑点的大小和位置分布，从而组成不同的图案。短短的尾巴也是它们表达自己的工具之一。它们栖息在由高大的灌木形成的丛林里，一般不会选择开阔地区，且海拔高度不超过 1300 米。一年只分娩 1 次，每胎最多产 4 只幼崽，但是一般只有 1~2 只幸存下来。幼崽出生时眼睛是闭着的，12 天后才会睁开。据统计，目前全球自然环境下生存的伊比利亚猞猁不超过 150 只。由于它们 85% 的食物都是兔子，因此面临的主要威胁与兔子的数量减少有关，而另外一个重大威胁则是人类的城市化及森林砍伐导致的地中海栖息地环境的破坏。此外，偷猎、野犬的捕食和车辆的碾压也对伊比利亚猞猁的生存造成威胁。

Felis catus

家猫

体长：65~82 厘米
体重：2.5~7 千克
分布范围：全世界，和人类关系密切

斯芬克斯猫
它们皮肤表面有一层短的、几乎看不见的细毛。

猫和人类之间的联系是从 9500 年前开始的。在一个塞浦路斯村庄里有一个坟墓，人们在那里找到了新石器时代人类的骨灰、一些珍贵的物品以及一只木乃伊猫，这充分显示了人类与猫之间的亲密关系。

技巧
老鼠和蛇会被庄稼收割后落在根茎里的谷物所吸引，而猫会在那里追捕它们。猫在草地和灌木之间来回穿梭，倘若我们仔细观察，会发现它们在这些地方可以灵巧地避开天敌的追击。

各种各样的猫
家猫的人工筛选跟家犬是不一样的，人们筛选家犬进行交配，其目的在于把带有相应特点的犬应用于人类劳动或运动之中。但是对于家猫的筛选，人们通常只会根据其外形去进行筛选配对。

家养的小猫
那些色彩鲜艳的物体能够吸引小猫的注意。小猫通常通过玩这些小物品来练习爪子的捕猎能力。

动作的协调

猫能够灵巧地捕捉老鼠，还可以爬树，这跟它们的生理结构息息相关。它们的骨骼十分柔软，灵活的关节可以实现四肢的各种旋转，尾巴可以配合四肢的移动并保持身体平衡。它们位于内耳的中枢神经以及前庭器官用于控制身体的行动：内耳的接收器会检测身体位置的变化之后传达给大脑，而大脑会判断身体位置是否正确，也就是说，必要的话要调整身体位置究竟是向上还是向下移动。

身体平衡
尽管下落的时候身体是背向地面，但是猫在降落后四肢着地。它们会扭动身体以便安全着陆。灵活的骨架使它可以大幅度地扭曲，而关节和肌肉会抵消落地时身体受到的冲击力。

杂技

① 垂直降落，尾巴直立，保持身体平衡。

② 旋转身体。

③ 再次旋转身体。

④ 四肢准备着地。

⑤ 安全着陆。

捕猎者
家猫并没有丧失猫科动物擅于捕猎的能力，它们可以悄无声息地靠近猎物，双目注视并迅速地攻击猎物。

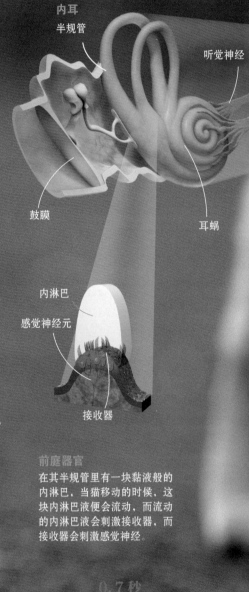

内耳
半规管

听觉神经

鼓膜

耳蜗

内淋巴

感觉神经元

接收器

前庭器官
在其半规管里有一块黏液般的内淋巴，当猫移动的时候，这块内淋巴液便会流动，而流动的内淋巴液会刺激接收器，而接收器会刺激感觉神经。

0.7 秒
完成四肢的转动和身体的降落的时间

毛发颜色

最开始的家猫毛发颜色为灰栗色，这使它们在大自然中可以很好地隐藏自己。后来家猫颜色越来越多，是人工选择的结果。

猫的品种

根据各种国际联合会的资料，目前存在着上百种猫。伴随不同的环境、不同的出生地以及人类的偏好，每种猫都有着自身的身体和生理特点。

暹罗猫

身体与四肢纤长。头部中等大小。眼睛为天蓝色。

欧洲猫

身体较大而粗壮。头部很宽，颧骨发达。有圆圆的眼睛。

波斯猫

有着紧凑圆润的身体、强健的肌肉和骨骼结构，四肢粗短。

安哥拉猫

身体纤长且富有肌肉。后肢比前肢要高。头部很小，鼻子很尖。

阿比西尼亚猫

身材苗条。它们很灵活且肌肉发达，比较活跃。四肢修长。

爪子

猫的爪子被毛发覆盖着，有几个脚趾是可自由伸缩的，只有捕猎或者警告对手的时候才会外露出来。它们的脚垫很厚，这使它们可以悄无声息地行走。

Caracal caracal

狞猫

体长：0.85~1.2 米
尾长：25 厘米
体重：10~18 千克
社会单位：独居
保护状况：无危
分布范围：非洲和西亚地区

奇特的耳朵
在其耳朵的末端有一撮深色的毛。

狞猫栖息在大草原、平原或半干旱地区。主要食物为老鼠、鸟类、羚羊和兔类。它们身材苗条，四肢纤长，行动敏捷，可以完成大幅度的跳跃，擅于捕捉鸟类。它们有着长且尖的耳朵，耳朵末端有一撮毛，因此它们还有另外一个名字叫作"黑耳"。尽管白天也能看见它们的踪迹，但它们在夜晚十分活跃。在长达 81 天的妊娠期后，雌性会产下幼崽，每胎最多 3 只。

Leptailurus serval

薮猫

体长：60~95 厘米
尾长：24~45 厘米
体重：可达 18 千克
社会单位：独居
保护状况：无危
分布范围：非洲中部与南部

相对于身体的大小来说，所有猫科动物中薮猫的耳朵和四肢是最长的。它们的视觉和嗅觉都十分了得。它们主要在黄昏时分活动。为了自卫，它们会弯曲着背部，发出强烈的吼叫声。当雄性幼崽学会捕猎后，它们会离开自己的母亲，外出寻找自己的领地，而雌性幼崽则会一直待在母亲身边直到性成熟。

Prionailurus viverrinus

渔猫

体长：66~85 厘米
尾长：24~30 厘米
体重：7~11 千克
社会单位：独居
保护状况：濒危
分布范围：亚洲南部

渔猫栖息在气候潮湿、靠近河流的地区。它们是游泳"高手"。由于它们经常在湖边或者河边用前爪伸进水里捕鱼，因此得名。当然，它们也可以把整个身子完全潜入水里。它们的食物主要是鱼类、螃蟹、蛇、小型哺乳动物，有时也吃青草和腐肉。

Leopardus pardalis

虎猫

体长：70~90 厘米
尾长：46 厘米
体重：10~12 千克
社会单位：独居
保护状况：无危
分布范围：墨西哥至阿根廷北部

虎猫的栖息地十分多样，有半干旱的灌木丛，也有亚马孙丛林。它们喜好夜行，吃兔子、鬣蜥、老鼠、猴子和鱼类。在白天它们会待在树上或草丛里休息。与其他猫科动物不同的是，虎猫是游泳"高手"。它们美丽的毛发为淡黄色、微红色、苍褐色或灰色，且夹杂着黑色斑纹，这有利于它们在捕猎过程中隐藏自己。

毛发斑纹
它们的毛发有着链条状的斑纹。

Panthera uncia
雪豹

体长：0.75~1.3 米
尾长：0.7~1 米
体重：30~75 千克
社会单位：独居
保护状况：濒危
分布范围：亚洲中部

雪豹栖息在中国的西北部，主要在喜马拉雅山海拔达 4500 米的地方。它们毛发的颜色为白色，夹杂着黑色斑纹。它们长长的尾巴有利于在行走的时候保持平衡。雪豹的主要食物为野山羊、鹿、鸟类、旱獭、兔子和松鼠。此外，为了助于消化也摄入部分植物。与其他豹子不同的是，雪豹不会吼叫，为了吸引异性只会发出轻微的呻吟声。它们是夜行动物，但是在白天也十分活跃。

濒危
雪豹因其珍稀且浓密的斑点毛皮而被人类猎杀。

Leopardus wiedii
长尾虎猫

体长：53~79 厘米
尾长：33~50 厘米
体重：2.3~5 千克
社会单位：独居
保护状况：近危
分布范围：墨西哥至乌拉圭

长尾虎猫的外形有点像虎猫，体形较小一些。它们的毛发为淡棕色，夹杂着深色的棕色斑纹，而腹部和面部呈白色。它们栖息在植被茂密的地方，被认为是最能适应树上生活的猫科动物。它们能够转动后肢的脚踝，下落时就像松鼠一样头部朝前。它们在黄昏和夜晚的时候较为活跃。长尾虎猫是树栖性动物，它们大部分的猎物来源于陆地。主要食物为鸟类、小型哺乳动物、两栖动物、爬行动物、节肢动物和果实。它们为了生存空间与猎物会与虎猫竞争。长尾虎猫是拉丁美洲遭受捕猎最严重的动物之一。如今，由于人类的捕猎行为、栖息地的减少以及非法当作宠物售卖，它们的生存受到严重影响。

Puma yagouaroundi
细腰猫

体长：55~75 厘米
尾长：35~60 厘米
体重：4~8 千克
社会单位：独居
保护状况：无危
分布范围：墨西哥北部至阿根廷

细腰猫比一般的家猫体形要大一些，长得像美洲狮。它们的毛发是纯色的，栖息在半干旱的丛林、灌木林、沼泽地或牧草地。尽管白天和黑夜它们都能进行捕猎，但是它们仍属于日行动物。主要食物为小型哺乳动物、鸟类、爬行动物和两栖动物。它们能够发出 13 种不同的吼叫声。每胎可产 1~4 只幼崽，一年可分娩 1~2 次。

毛发的颜色
细腰猫的毛发颜色有微红色、浅灰色或黑色

身体的平衡
长尾虎猫长长的尾巴有利于它在树上保持平衡

Panthera tigris

虎

体长: 2.28~3.7 米
尾长: 0.6~1 米
体重: 100~300 千克
社会单位: 独居
保护状况: 濒危
分布范围: 亚洲东北部与东南部

速度与威猛
当老虎在追赶猎物的时候,速度可达75千米/时,一个跳跃可跨10米。

老虎是体形最大的猫科动物。它们的毛发有着平直的深色条纹,夹杂着橙色、黄色、微红色和白色。目前总共存活着6个老虎亚种。

老虎的食物为大型草食动物,在食物稀缺期间,它们也吃爬行动物、猴子、鸟类、野犬、鱼类、幼象,甚至还会攻击人类。

行为
老虎是地栖性的独居动物,喜好夜行。它们会静静地观察猎物,在攻击的时候会猛扑向它们,给予致命一击,用锋利的牙齿撕碎对方的皮肉。

繁殖
老虎的妊娠期长达100天左右。雌性每胎可产1~7只幼崽。在幼崽2个月的时候,雌性会陪伴着它们外出学习捕猎。

隐藏在草木之间
老虎栖息在草木茂盛的地方,且它们的皮毛可以跟周围的环境很好地融合在一起而不被猎物发现。

老虎拥有十分惊人的视力。它们的日间视力跟人类一样,尽管它们没法像人类一样区分细节。在黑暗中,它们的视力是人类的6倍。它们的视网膜有着许多感光细胞,可以大幅增强它们的夜间视力。

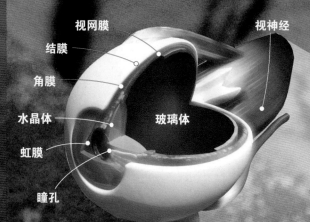

视网膜
视神经
结膜
角膜
水晶体
玻璃体
虹膜
瞳孔

瞳孔
负责调节光的通过,白天是椭圆形的,而夜晚瞳孔为了吸收更多的光会变成圆形。

老虎(晚上) 老虎(白天) 山羊

黑暗中的视力
在视网膜后面,老虎的眼睛有15层叫作脉络膜层的结构,作用就像一面镜子一样:可以放大并反射光,当光线微弱的时候可以产生更大的视野。但光直接反射到脉络膜层的时候,眼睛则会因反射而发光。

窥视
老虎总的视线范围是255度,但是双目的共同视线范围是120度。

聚焦1

聚焦2

卓越的捕猎者
老虎听力一流，即使植被非常茂密，也能够精确地定位猎物。

50 倍
视网膜能够把光线放大的强度。

双眼的视力
老虎的大脑可以呈现双眼所看到的东西，因此，老虎看到的空间范围跟人类一样都是三维的。而它们在捕猎的时候可以判断距离远近和猎物的形状大小。

右眼视力范围　　双眼视力范围　　左眼视力范围

Panthera onca
美洲豹

体长：1.12~1.8 米
尾长：70~90 厘米
体重：60~115 千克
社会单位：独居
保护状况：近危
分布范围：美国南部至阿根廷北部

花纹
美洲豹与其他的猫科动物有所不同，其毛发上有着特殊的花纹

爪子
美洲豹有着粗短的四肢，足部却很大，便于捕捉猎物。

美洲豹是美洲大陆体形最大的猫科动物。它们的毛发为淡黄红色，夹杂着黑色的斑点状的花纹。当然也有全身黑色的美洲豹。它们栖息在森林、丛林和大草原里。它们擅长爬树和游泳。主要食物是猴子、貘、水獭、鳄鱼、鱼类和其他大型哺乳动物。它们锋利的牙齿甚至可以穿透乌龟的壳。无论夜晚还是白天它们都进行捕猎。妊娠期约 100 天。一般雌性产 2 只或以上的幼崽，而幼崽会一直待在母亲身边直到 2 岁。由于栖息地锐减，美洲豹的生存面临着极大的威胁。

Panthera pardus
豹

体长：0.9~1 米
尾长：1 米
体重：42~80 千克
社会单位：独居
保护状况：近危
分布范围：非洲和亚洲南部

斑纹
豹的斑纹与美洲豹类似，都是斑点和斑纹。

豹栖息在森林、丛林、沼泽地、草原或陡峭的山地。它们为了休息还会爬树，视野会放大。此外也有通体黑色的豹，被称作黑豹。但无论是哪种豹，它们的皮毛多是一层伪装工具。它们夜晚十分活跃，猎物范围十分广，例如有蹄动物（主要是羚羊）、猴子、老鼠、爬行动物和鱼类。

Puma concolor
美洲狮

体长：1~1.6 米
尾长：66~80 厘米
体重：40~100 千克
社会单位：独居
保护状况：无危
分布范围：加拿大至巴塔哥尼亚南部

美洲狮的毛发类别多样，有红棕色和灰色，胸部和四肢内部颜色较亮。四肢粗壮，足部宽而有力。它们栖息在森林、丛林、草原、半干旱地区、山地和沼泽地。主要食物是有蹄动物、老鼠、鸟类、爬行动物和鱼类。为了捕捉猎物，它们会迅猛地扑向对方，一旦猎物死掉且皮肉被啃噬了一部分之后，美洲狮就会把它们丢弃在灌木丛中。此外，美洲狮还是游泳"高手"。它们一般会选择熟悉的路径行走。美洲狮是地栖性动物，会用尿液来标定自己的领地范围。它们喜好独居，除了交配期间，一般很少看到 2 只美洲狮在一起行走。妊娠期 90~95 天。雄性在 3 岁的时候便性成熟，而雌性则会更早一些。每胎可产 1~3 只幼崽，幼崽 1 年半后便可独立生活。历史上，美洲狮是美洲大陆分布最广的地栖性哺乳动物。但是由于美洲狮喜好捕杀牛群，人类曾有意消灭它们。此外，其栖息地也大幅度减少，种种问题都导致它们的数量越来越少。

Acinonyx jubatus

猎豹

体长：1.2~1.5 米
尾长：60~84 厘米
体重：28~65 千克
社会单位：独居或群居
保护状况：易危
分布范围：非洲和伊朗

猎豹因其奔跑神速而出名。它们有着灵活的身体，是全球奔跑速度最快的动物，短短 2 秒之内可达 75 千米/时，而最高可达 115 千米/时。它们栖息在草原、植被茂密的地方或者崎岖的山地。

行为

在高温地区，猎豹一般在夜间行动。它们会规避其他捕食者（例如狮子）的捕猎时间，一般在狮子捕猎前或捕猎后行动。它们主要食物为各种羚羊、小型哺乳动物和鸟类。猎豹每胎通常产 3~5 只幼崽。

种族的进化

它们拥有的极快的速度是逐渐获得的。外部环境和猎物擅于逃脱的能力某种程度上刺激了猎豹解剖和生理特点的进化。渐渐地，猎豹擅于捕猎，以便能更好地在大自然中幸存下来。

耳朵
猎豹耳朵很小，在它们追捕羚羊的时候可减小风的阻力。

头部
猎豹的头部与其他猫科动物相比较小。如同它们的耳朵一般，可以减小风的阻力。

毛发
猎豹神秘的斑纹使它们可以悄无声息地靠近猎物

身体
猎豹纤长灵活且富有弹性的四肢支撑起其强健的身体和直立的脊椎，这有利于它们快速地奔跑

8 米
猎豹一步可跨越的距离

尾巴
猎豹 40 % 的体长来自它们的尾巴。它们的尾巴是保持身体平衡的关键

力量
猎豹大部分的肌肉都集中在大腿上

爪子
与其他的猫科动物相比，猎豹四肢纤长。前肢有 5 个脚趾而后肢有 4 个

一部跑步的"机器"
猎豹的解剖结构使其擅于跑步，它们的心脏比其他猫科动物的要大些，这使它们的供血更充分、心跳更快。它们的鼻孔比较大，在奔跑的时候可以吸入更多的氧气。猎豹即便进行"Z"字形的奔跑，仍可保持一定的跑步节奏

它们的趾甲可伸缩，当它们奔跑的时候，爪子可以很好地抓住地面

动物的赛跑

在动物的赛跑当中，猎豹是当之无愧的胜者。就连马和灰猎犬也只能达到猎豹速度的一半。

双足蜥
29 千米/时

人类
37 千米/时

老虎
55 千米/时

狮子
69 千米/时

马
64 千米/时

灰猎犬
67 千米/时

猎豹
115 千米/时

基因因素

　　猎豹是奔跑速度最快的哺乳动物和最古老的猫科动物。它们能够在更新世幸存下来实属不易，而且在上千年之前便跟人类相处。但是如今它们却陷入了危险之中。栖息地的丧失和人类的狩猎行为以及其本身的遗传变异导致猎豹的生存状态越来越脆弱。

国家地理特辑
猎豹保护报告

▶ 短暂的盛宴
在雌性猎豹目光的注视下，刚学捕猎的幼猎豹正啃噬着黑斑羚羊 它们吃得很快，生怕鬣狗或狮子中途打断，分一杯羹

猎豹是现存的最古老的大型猫科动物。它们的历史可追溯到 350 万年前。与大部分哺乳动物不同的是，它们依然在更新世的恶劣环境中幸存下来。它们与人类的关系也早早便开始了：苏美尔人早在 5000 多年前便已经驯化了猎豹。由于猎豹奔跑神速，埃及人便把它们与神权联系到一起，法老总希望有猎豹神兽一般陪伴左右。但是现今猎豹和人类的关系再也不如从前那么和谐。栖息地的破坏和丧失、猎物数目的锐减，非法狩猎等使得这种最迅猛的地栖性动物数量越来越少。在非洲和亚洲，自 20 世纪初以来，猎豹的数量至少减少了成百上千只。如今只存活了约 1 万只猎豹，且大部分都在纳米比亚。

时速高达 115 千米是猎豹的拿手绝活。但是它们的身手敏捷并不能完全地规避危险。它们的速度是快，但是与其他对手相比，例如狮子，它们并不是最好的捕猎者。此外，刚出生的猎豹死亡率高也是影响它们存活下来的因素之一。在猎豹刚出生的最初 6 周，雌性要外出捕猎，而幼崽要独自待着，这使得它们轻易成为鬣狗或其他肉食动物的餐食。

此外，猎豹的基因也是导致其难幸存的原因之一。在 1 万年前，猎豹的分布范围遭遇了极大的收缩，而后来的数量恢复陷入了瓶颈期。由此猎豹丧失了基因的多样性，而如今的猎豹基因都比较类似，这使得它们的环境适应能力相比其他的哺乳动物显得弱一些。为了增加它们的基因多样性，其中一种办法便是采取人工授精以及保证非近亲之间的繁殖，但是这要实现起来是有难度的。

存活在大自然中的猎豹数目是很少的，因为它们需要大片的土地来活动，而大部分猎豹保护区面积都不大。但是仍存在着某些保护方法可以阻止猎豹数量的下降。

▶ 天赋异禀

为了成为陆地上最迅猛的动物，猎豹付出了很大代价。它们的代谢消耗十分快，在一段奔跑之后，它们通常陷入疲惫不堪之中。

近些年，猎豹保护组织——猎豹保护基金会，致力于在纳米比亚农民之间传播猎豹保护知识，让他们即便发现猎豹靠近农田，也不要开枪射杀这一珍稀的哺乳动物。猎豹保护组织指出，猎豹并不是畜牧业的主要威胁，尽管人们根深蒂固的错误观念并不认为如此。

　　此外，他们要教导农民如何在不伤害猎豹的前提下保护自己饲养的牲畜。例如，引入安纳托利亚牧羊犬来守护农民的牛羊群，因为它们有能力在不伤害猎豹的情况下吓跑它们。

　　此外，纳米比亚的农田被长满刺的灌木所覆盖，这使得猎豹难以觅食，而且还增加了猎豹与农民及牛羊碰面的机会。因此，动物保护主义者提出了一个建议，把灌木木头销售到国外以制作燃料，从而减小灌木的密度，进而优化猎豹的栖息地环境。

　　任何再多的保护措施仍旧是不够的。保护猎豹需要社会各方的共同努力。根据世界自然保护联盟的资料统计，全球的猎豹都身处危险之中。例如，伊朗和非洲西北部的猎豹亚种正处于高度濒危之中，目前每种只存活下 100 多只。在 1900 年的时候，猎豹的踪迹遍布全球 44 个国家，但如今只有不到 20 个国家了。

Panthera leo
狮子

体长：1.7~2.5 米
尾长：0.9~1.05 米
体重：150~225 千克
社会单位：群居
保护状况：易危
分布范围：非洲和亚洲南部（印度）

狮子有着粗壮的身体，富有力量，走起路来意气风发。

狮子是继老虎之后全球最大的猫科动物。它们有着可伸缩的锋利爪子、宽宽的脸庞、圆圆的耳朵和相对较短的脖子。它们是唯一在尾巴上长有一撮长毛的猫科动物。它们栖息在开阔的森林、丛林和草原中，当然在半干旱的地方或山地也能看到它们的踪迹。狮子存在两个亚种，外形类似，一种在印度，另一种在非洲。

狮群
狮群有大有小，一般狮群由5~9只雌性狮子和2~4只雄性狮子以及一些幼狮组成。

鬃毛
只有成年的雄性狮子才有鬃毛。根据年龄不同，鬃毛有长有短，颜色有微红或黑色。

狮子的咆哮是狮群内部的交流方式之一，通常用来捍卫自己的领地。

伺机而动的捕猎者

狮子有着锋利的爪子和长长的尖牙，可以轻易地抓紧猎物使其窒息。它们不吃腐肉，但是倘若环境允许，它们也会盗取其他肉食动物捕杀到的猎物。

狮子的毛发使其可以很好地隐藏在大自然之中。毛发颜色为微红色，腹部和四肢内侧为白色。

20 小时
狮子一天有20小时用来坐着、躺着或睡觉。

捕猎
狮子首先攻击大部分猎物的肩膀或侧腹，之后再按住它们的口鼻，最后拗断它们的脖子。

① 狮子藏匿在青草地之中，会慢慢、悄无声息地靠近猎物。有些雌性狮子会在原地静静地等待。

② 数米奔跑后追赶上斑马，其奔跑时速超过50千米/时，有些狮子也会在捕猎过程中互相帮助。

狮子的鬃毛使其看起来更加孔武有力，因此它们也常用外形吓跑其他与它们竞争生存空间和猎物的肉食类动物。此外，它们的鬃毛在两性选择上面也发挥着作用。通常雌性狮子会偏爱鬃毛浓密的雄性狮子。

14 千克
狮子一天吃的肉量。

3.3 米
这是已知的狮子的最大身体长度

最强者的优先权

当一只猎物倒下的时候，狮群里的所有狮子都会靠近来吃它。但是一般狮群里的最强者才有第一个吃猎物的优先权。总体而言，成年雄性狮子先吃，之后再到雌性狮子，最后才到幼狮。

互相合作的雌性狮子
当雌性狮子决定通过互相合作来追捕猎物时，捕猎成效可谓事半功倍。但是雄性狮子一般不和狮群里的其他狮子合作。

社会关系
狮子拥有发达的社会关系体系，一般通过抚摸对方的鼻子和头部来表达自己的爱意。在同性狮子之间，身体之间的互相摩擦是十分常见的。

3 狮子扑向它的猎物，用爪子紧紧地抓住它们，尝试着扑倒它们，有时候还会按住对方的口鼻

4 猎物跌倒在地，狮子用尖牙刺穿它们的脖子。其他狮子也可以靠近就食

猎物的类型
狮子喜欢吃一些大型的猎物，例如角马、幼象、长颈鹿、水牛和斑马。此外，它们也吃羚羊、豪猪、老鼠、乌龟、鱼类，甚至果实。

水牛　　斑马　　长颈鹿

角马　　瞪羚　　藏羚羊

灵猫

门:	脊索动物门
纲:	哺乳纲
目:	食肉目
科:	灵猫科
种:	33

麝猫和香猫都是地栖性动物,外形长得酷似猫。它们有着尖尖的鼻子和短小的四肢,有些麝猫还有着可伸缩的爪子。它们有着可分泌强烈气味的腺体,一般用来自我防卫。主要食物为昆虫、小型脊椎动物和果实。它们的嗅觉、听觉和视觉特别发达,因此在夜晚能够快速捕捉到猎物。

Genetta genetta
小斑獴

体长: 55~60 厘米
尾长: 60 厘米
体重: 1.2~2.5 千克
社会单位: 独居
保护状况: 无危
分布范围: 非洲,欧洲引入

白天的栖息地
小斑獴白天的时候会待在树上睡觉。

小斑獴大小似猫,有着长长的脑袋和鼻子。它们有着灰色或棕色的浓密毛发,且其毛发还夹杂着一些深色的环状斑纹。它们的尾巴很长,四肢却很短,前脚掌着地行走而后脚则是趾行的。它们栖息在森林和草原里,以小老鼠、蜥蜴、鸟类、两栖动物和果实为食。小斑獴一般在夜间行动,而白天的时候则在丛林或树洞里休息。总体来说,它们在冬季到春季的时候,主要吃鸟类和两栖动物,在春季与夏季之间则吃爬行动物和昆虫。它们主要依靠嗅觉来寻找猎物,通过肛腺发出的气味或尿液来标识自己的领地。此外,这些气味使得它们可以判断其他小斑獴的社会地位。雌性每胎约产4只幼崽,需哺乳4个月。

面部特征
小斑獴有着细长的鼻子、大大的耳朵和眼睛。

Paradoxurus hermaphroditus
椰子猫

体长: 53 厘米
尾长: 48 厘米
体重: 3.2 千克
社会单位: 独居
保护状况: 无危
分布范围: 亚洲南部

无论是雄性还是雌性,椰子猫都有着类似睾丸的腺体,其位于尾巴之下,能够分泌出一股难闻的气味,一般用来自我防卫。它们有着浓密而坚硬的毛发,颜色为灰色,而四肢、鼻子和嘴巴为黑色。椰子猫虽然是草肉兼食的动物,但是它们的主要食物为果实。此外,它们也可以食用爬行动物、卵和昆虫。众所周知的价格不菲的猫屎咖啡,正是椰子猫所吃下的咖啡豆经半消化及排出后收集回来的。它们只在夜间行动,到清晨它们便会四处寻找地方休息。

Arctictis binturong
熊狸

体长：0.6~1 米
尾长：55~90 厘米
体重：9~14 千克
社会单位：独居
保护状况：易危
分布范围：亚洲南部

　　熊狸是亚洲最大的灵猫科动物。它们长得像熊，但是体形比较小。它们有着圆滚滚的身子，长长的尾巴可用于爬树。它们的毛发为棕色或黑色，在黑暗中几乎看不见它们。熊狸是夜行动物，主要吃昆虫、老鼠、蜥蜴和果实。

Genetta tigrina
大斑麝

体长：0.85~1.1 米
尾长：40~50 厘米
体重：1.5~2.6 千克
社会单位：独居
保护状况：无危
分布范围：南非

　　大斑麝有着鲜亮且夹杂着斑点的皮毛。它们的尾巴可呈环状，尾巴尖为黑色。一条黑线从它们的后腰一直延伸到尾巴。大斑麝是夜行动物，大部分时间都待在树上。主要食物为爬行动物、老鼠、鸟类和果实。它们跟猫一样也会打呼噜和喵喵叫。

Civettictis civetta
非洲灵猫

体长：1~1.5 米
尾长：43~60 厘米
体重：11~15 千克
社会单位：独居
保护状况：无危
分布范围：非洲

　　非洲灵猫有着强健的身体和长长的尾巴。它们的脸有一部分是黑色的，就像浣熊一样有着一个黑色的"面罩"。在它们的背部长着长长的鬃毛，当它们兴奋或受到惊吓的时候，鬃毛会竖起来。它们一般在黑暗中行动，如黄昏或半夜，而白天的时候则在茂密的草丛里睡觉。雌性和幼崽会藏在其他动物的巢穴或树根洞里。主要食物为果实、昆虫、爬行动物、鸟类、老鼠、卵和腐肉。它们不用爪子而是直接用嘴巴捕捉猎物。雌性每胎可产 1~4 只幼崽，一年约有 3 胎，且一般在雨季生产，因为在雨季会有大量的食物供应。雌性会把幼崽挂在背上或脖子上。

门：	脊索动物门
纲：	哺乳纲
目：	食肉目
科：	双斑狸科
种：	1

非洲椰子狸

　　非洲椰子狸是双斑狸科下唯一的动物。因与非洲灵猫类似，故之前归属到灵猫和香猫。作为树栖性动物，它们栖息在森林里。

Nandinia binotata
非洲椰子狸

体长：0.92~1.2 米
尾长：48~62 厘米
体重：1.7~2.1 千克
社会单位：独居
保护状况：无危
分布范围：非洲中部

　　非洲椰子狸是双斑狸科下唯一的动物，与灵猫科下的灵猫类似。它们的体形很小，外表像猫。它们有着斑驳的毛发，和树皮颜色较融合。尾巴跟身体长度差不多，用来保持平衡。主要食物为小型哺乳动物、鸟类、爬行动物、果实和腐肉。它们可以散发出浓郁的气味，用于保护幼崽、自我防卫或者标定领地。

树栖性
它们会选择一棵树，在那里度过大部分时间。

猫鼬及其近亲

门:	脊索动物门
纲:	哺乳纲
目:	食肉目
科:	獴科
种:	35

　　猫鼬有着浓密的长毛发，一般为黑色、灰色或褐色。有些猫鼬身上长着深色条纹，而不是斑点，这是它们与麝猫和灵猫不同的地方。它们行动活跃，身体矫健。它们有着发达的肛门囊，可以分泌物质进行交流。

Herpestes ichneumon
埃及獴

体长: 90 厘米
尾长: 35~50 厘米
体重: 4 千克
社会单位: 独居
保护状况: 无危
分布范围: 非洲、中东地区和伊比利亚半岛

体形大小
根据平均测量结果，两性埃及獴体形大小并无差异。但是根据其标准偏差可知，雄性埃及獴体形比雌性的大很多。

穿梭在草原之间
从解剖结构上讲，锥形的体形有利于它们在草原之间穿梭。

　　埃及獴有着灰白色的斑驳毛发，而四肢、尾巴尖端以及面部为黑色。一条窄窄的无毛条纹围绕着它们的眼睛。它们都有着一条长长的浓密的尾巴，尖端有一撮黑色毛发。它们的身体纤长且矮小。当它们兴奋时，会竖起背部的全部毛发。它们有着长长的脑袋、小小的圆圆的耳朵。

　　埃及獴有着一个肛门囊，其中有两个腺体。它们栖息在森林或半干旱地区。它们是夜行动物，白天偶尔也会出来活动。主要食物是昆虫，例如蝗虫、蟋蟀和甲虫。此外，也吃果实、爬行动物（如小蛇）、小鸟和腐肉。

　　雌性每胎可产 2~4 只幼崽，幼崽出生时眼睛是睁开的。雌性跟它的幼崽外出的时候，会排成一列，一个紧挨着一个，就像一条蜿蜒的大蛇。

头部
埃及獴有着尖尖的脑袋、小小的眼睛和椭圆形的瞳孔。

Cynictis penicillata

笔尾獴

体长：35 厘米
尾长：18 厘米
体重：700 克
社会单位：群居
保护状况：无危
分布范围：非洲南部

笔尾獴体形很小，有着大大的耳朵。毛发为焦黄色或橙色，夹杂着灰色斑纹。它们的繁殖期根据外部环境的变化而变化。主要食物为体形小的脊椎动物或无脊椎动物。笔尾獴群一般由 1 只雄性、1 只雌性和一群幼崽组成。

毛发
它们的毛发颜色依据遗传变异和太阳辐射强度而有所不同。

笔尾獴每胎可产2~3只幼崽，且10周之后便会断奶。

Herpestes smithii

赤獴

体长：45 厘米
尾长：25 厘米
体重：1.9 千克
社会单位：独居
保护状况：无危
分布范围：斯里兰卡和印度南部

赤獴只出现在斯里兰卡和印度。它们有着显眼的毛发，一般为灰褐色至暗红棕色之间，尾巴颜色为黑色，面部为深灰色。它们一般栖息在树林、稻田或高 50~2200 米的山地。它们喜欢在黄昏时分行动。主要食物是小型脊椎动物、昆虫和腐肉。它们会在树上休息、捕猎和进食。

Helogale parvula

侏獴

体长：18~28 厘米
尾长：8~14 厘米
体重：300 克
社会单位：群居
保护状况：无危
分布范围：非洲东部和中南部

侏獴是非洲陆地上最小的肉食动物。它们的毛发浓密而柔软，颜色为暗灰棕色或红棕色。它们内部等级森严，一般成年雌性侏獴及其配偶占据主导地位。通常雌性相比雄性更具有主导权，而在它们之下的侏獴负责照顾幼崽。主要食物为昆虫。

侏獴在照顾幼崽和保卫领地方面会互相合作。

Mungos mungo
缟獴

体长：35~50 厘米
尾长：15~20 厘米
体重：1.4 千克
社会单位：群居
保护状况：无危
分布范围：非洲中部狭长地带、东部和中南部

缟獴栖息在靠近水源的草原和森林里，在半干旱或沙漠地区未见它们的踪迹。它们喜好有白蚁穴的地方，因为可以当作自己的窝。它们的毛发为浅褐色或微红色，背部有很多横带贯穿。主要食物为昆虫、蜗牛、爬行动物、幼鸟、卵和果实。它们会聚集成群，内部组织有序，一般由雌性缟獴带领。当个体发现有危险的时候，会发出尖叫声，整个群体便会停下来。有些缟獴会两条腿站立不动，审时度势。倘若有需要的话，整个群体的缟獴会保护群体里的幼崽。每个缟獴种群有 3~4 只负责生产的雌性，在长达 60 天的妊娠期后，会产下 2~4 只幼崽。

异样的毛发
缟獴的毛发与其他物种的不一样，在其背部有很多横带。

爪子
缟獴的爪子很长，一般用来刨地，而且后肢比前肢的爪子要发达得多。

同时出生
多只雌性缟獴会同时产下幼崽。

Crossarchus obscurus
暗长毛獴

体长：33 厘米
尾长：10 厘米
体重：1 千克
社会单位：群居
保护状况：无危
分布范围：非洲西部丛林

暗长毛獴长得像黄鼠狼，毛发坚硬，呈深褐色，腹部毛发比较柔软。它们有着直直的尾巴、短小的四肢和长长的爪子，耳朵很小，鼻子很长，眼睛小而黑。暗长毛獴喜好社交，一般会组成 10~20 只的小种群，内部有着森严的等级制度。它们之间通过嘶嘶声和咆哮声来进行交流。暗长毛獴是地栖性动物，尽管其也会爬树和爬岩石。它们会通过分泌刺鼻难闻的肛门液体来标定自己的领地并警告入侵者。只有种群的首领才会与雌性暗长毛獴交配，一年约 9 次。妊娠期长达 8 周，每胎约产 4 只幼崽。刚出生的幼崽是看不见光的，身长只有 13 毫米。

Atilax paludinosus
沼泽獴

体长：50 厘米
尾长：20~30 厘米
体重：可达 4 千克
社会单位：独居
保护状况：无危
分布范围：除了赞比亚和纳米比亚外的非洲中南部

沼泽獴是最特别的獴之一。它们的脖子、身体和尾巴都覆盖着粗粗的毛发，而前足和后足的毛发则比较短和柔顺。它们栖息在有水或沿岸的环境里。主要食物为螃蟹、蜗牛、昆虫、爬行动物和鸟类。为了诱惑鸟类，沼泽獴把靠近肛门位置的一块淡粉色区域作为诱饵，被吸引过来的鸟类会靠近审视自己"潜在的食物"，从而被沼泽獴捕杀。

Suricata suricatta

狐獴

体长：24.5~29 厘米
尾长：19~24 厘米
体重：629~969 克
社会单位：群居
保护状况：无危
分布范围：非洲南部

　　狐獴是一种体形矮小的哺乳类动物，可以栖息在各种各样的环境里，例如草原或河水干枯的山谷里。它们的分布主要是看土质，会偏好沙土。它们栖息在岩石裂缝、其他动物的巢穴或自己挖的地洞里。这些栖息地一般为直径约 5 米的区域，包含着 15 个入口。根据记载，也有面积更大且更为复杂的巢穴。主要食物为昆虫，它们一般在石头下或大岩石缝隙间寻找食物。此外，它们也吃小型脊椎动物、植物和卵。当水源稀缺的时候，它们会通过果实、树根或块茎来获取水分。

住处的转换

　　每个狐獴群体由 2~30 只狐獴组成，它们会在其领地上挖很多巢穴，每个巢之间距离十几米。一旦有洪水发生，或者面对捕猎者的威胁，又或者为了寻找食物，它们会移居到其他的巢穴里。

庇护与安全
狐獴的巢穴白天的时候会保持清爽，而到了晚上会变得比较温暖。在其结构复杂的地洞里，具备通风系统。

"望风者"
　　负责望风的狐獴会时刻警惕着，观察其巢穴周围是否有危险临近。一旦它们盯上一个捕猎者，便会向种群里的其他成员通过突然、短暂且反复的叫声来发出警报。

自我防卫
由于狐獴有着开阔的栖息地，且运动能力有限，它们进化出一套行为模式来避免敌人的攻击。

1 吓唬
狐獴会面露凶相，弯着背，低下头，毛发竖起，大声尖叫。

2 威胁
如果吓唬没有用，它们会背部着地躺下，保护脖子，以露出尖牙和利爪。

3 保护
如果狐獴不幸在巢穴外被抓到，成年的狐獴会毫不犹豫地保护幼年狐獴。

10
狐獴可以发出的不同的声音的数量。

视力
狐獴双目并用且可辨别颜色，因此可以观察到敌人，尤其是鸟类的进攻

头部
头部直立，可以观察巢穴以外的环境。

前爪
前爪十分有力，可用来挖地和自我防卫。

图书在版编目（CIP）数据

国家地理动物百科全书. 哺乳动物. 肉食动物 / 西班牙 Sol90 出版公司著；李彤欣译 . -- 太原：山西人民出版社 , 2023.3

ISBN 978-7-203-12527-3

Ⅰ. ①国… Ⅱ. ①西… ②李… Ⅲ. ①哺乳动物纲—青少年读物 Ⅳ. ① Q95-49

中国版本图书馆 CIP 数据核字 (2022) 第 244664 号

著作权合同登记图字：04-2019-002

国家地理动物百科全书 . 哺乳动物 . 肉食动物

著　　者：西班牙 Sol90 出版公司
译　　者：李彤欣
责任编辑：孙宇欣
复　　审：魏美荣
终　　审：贺权
装帧设计：吕宜昌

出 版 者：山西出版传媒集团·山西人民出版社
地　　址：太原市建设南路 21 号
邮　　编：030012
发行营销：0351-4922220　4955996　4956039　4922127（传真）
天猫官网：https://sxrmcbs.tmall.com　电话：0351-4922159
E-mail：sxskcb@163.com 发行部
　　　　　sxskcb@126.com 总编室
网　　址：www.sxskcb.com

经 销 者：山西出版传媒集团·山西人民出版社
承 印 厂：北京永诚印刷有限公司

开　　本：889mm×1194mm　1/16
印　　张：5
字　　数：217 千字
版　　次：2023 年 3 月　第 1 版
印　　次：2023 年 3 月　第 1 次印刷
书　　号：ISBN 978-7-203-12527-3
定　　价：42.00 元